高等职业教育计算机系列教材

U0290524

用微课学

路由交换技术

（H3C）

张厚君　肖文红　主　编

田立武　邓　红　李明明　副主编

電子工業出版社·

Publishing House of Electronics Industry

北京·BEIJING

内 容 简 介

本书总结了作者多年来在路由交换技术方面的工程实践和教学经验，以实际工作过程为导向，每个教学任务围绕任务描述、任务分析、任务实施和相关知识等几个环节展开。

本书内容包含华三云实验室简介、网络设备基本操作、网络设备基本连接与调试、配置 VLAN、交换机冗余配置、IP 路由基础、配置静态路由、配置 RIP、配置 OSPF、配置 VLAN 间路由、配置 ACL 包过滤、配置 NAT、配置 PPP、网络工程综合案例 14 个教学项目。

本书可作为高等职业院校计算机及网络相关专业的教材或参考书，以及各类网络设备培训班的培训教材或辅助教材，并且适合从事网络管理和系统管理的专业人员及网络爱好者阅读。

未经许可，不得以任何方式复制或抄袭本书之部分或全部内容。
版权所有，侵权必究。

图书在版编目（CIP）数据

用微课学路由交换技术：H3C / 张厚君，肖文红主编. —北京：电子工业出版社，2021.9
ISBN 978-7-121-41935-5

Ⅰ. ①用…　Ⅱ. ①张…　②肖…　Ⅲ. ①计算机网络—路由选择—高等职业教育—教材②计算机网络—信息交换机—高等职业教育—教材　Ⅳ. ①TN915.05

中国版本图书馆 CIP 数据核字（2021）第 182507 号

责任编辑：徐建军　　文字编辑：康　霞
印　　刷：北京捷迅佳彩印刷有限公司
装　　订：北京捷迅佳彩印刷有限公司
出版发行：电子工业出版社
　　　　　北京市海淀区万寿路 173 信箱　邮编 100036
开　　本：787×1 092　1/16　印张：13.5　字数：345.60 千字
版　　次：2021 年 9 月第 1 版
印　　次：2024 年 12 月第 8 次印刷
印　　数：500 册　　定价：46.00 元

凡所购买电子工业出版社图书有缺损问题，请向购买书店调换。若书店售缺，请与本社发行部联系，联系及邮购电话：（010）88254888，88258888。

质量投诉请发邮件至 zlts@phei.com.cn，盗版侵权举报请发邮件至 dbqq@phei.com.cn。

本书咨询联系方式：（010）88254570，xujj@phei.com.cn。

前 言
Preface

随着信息化的不断推进，当今社会正处于信息爆炸的时代，而计算机网络是信息互通的重要支撑，同时也是目前诸如物联网、大数据、云计算和人工智能等技术的基础平台。因此，社会对高技能网络应用人才的需求量与日俱增，计算机网络技术教育和人才培养成为高等院校的一项重要战略任务。

在计算机网络系统中，路由器和交换机是常见也是常用的网络互连设备，这两种设备的配置与管理技术已成为网络互连的核心技术。网络互连技术是实践性非常强的课程，需要在学习理论知识的基础上，辅以大量的实践操作练习才能真正掌握，并取得理想的学习效果。因此，深入理解网络设备的基本原理，熟练进行网络设备配置，是计算机网络技术专业学生所要具备的一项基本技能。

路由交换技术是计算机网络技术专业的核心课程，也是网络系统集成、网络管理与维护过程中常用的核心技术。本书是为路由交换技术课程编写的，内容选取符合职业能力培养，教学职场化、实践化的特点，编写团队长期从事网络技术专业的教学工作或一线网络集成工作，对高职高专学生学习有独特的教学方法和教学理念，同时他们与业内知名企业合作紧密，在技能型人才培养方面有着独到的经验。

本书以真实的网络工程项目为背景，以解决实际问题的技术应用能力、自主学习与创新能力、综合职业素养的培养为目标，根据"初级网管——接入设备配置，网管员——汇聚设备配置，网络负责人——核心设备配置及规划"三大岗位职业能力所涉及的典型工作任务组织教学内容，最后通过企业网络工程综合配置项目进行网络综合技能的训练。内容安排以基础性和实践性为重点，在学生理解网络设备工作原理的基础上，注重对学生实践技能的培养；在理论上把各个协议的原理讲述透彻，在实验设计上融入实际工程应用，与实际工程接轨。本书采用项目导向、任务驱动的"工学结合"教学模式，每个项目都按照"教学目标"→"各教学任务"（"任务描述"→"任务分析"→"任务实施"→"相关知识"）→"小结"→"巩固与提高"几个环节展开。

为了保证全书内容的实用性和可操作性，本书全部使用 H3C Cloud Lab 模拟器搭建所有任务的实验环境，方便学生的自主学习，并且书中实验操作过程完整，方便初学者对照教材进行验证。同时，为了继续推进信息化教学，方便学生的在线学习，本书还配套微课资源，包括理论讲解视频和实验操作演示视频；这些虚拟仿真软件和完整的微课资源，让学生的学习可以冲破课堂和实验室的空间限制。

　　本书由嘉兴职业技术学院网络技术与物联网教研室联合无锡机电高等职业技术学校共同编写。张厚君、肖文红担任主编，田立武、邓红、李明明担任副主编，其中项目 3 和项目 12 由邓红编写，项目 5 由李明明编写，项目 6 由沈梦姣编写，项目 7 由田立武编写，项目 10 由沈晓萍编写，项目 11 由肖文红编写，项目 14 由谷广兵编写，剩余部分由张厚君编写，全书由张厚君统稿。

　　本书的参考学时为 64～72 学时，建议采用理论实践一体化的教学模式。

　　为了方便教师教学，本书配有电子教学课件及相关资源，请有此需求的教师登录华信教育资源网（http://www.hxedu.com.cn）进行注册后免费下载，如有问题可在网站留言板留言或与电子工业出版社联系（E-mail：hxedu@phei.com.cn）。

　　教材建设是一项系统工程，需要在实践中不断加以完善及改进。由于编者水平有限，书中难免存在疏漏和不足之处，恳请广大读者给予批评与指正。

编　者

目 录
Contents

项目 1

华三云实验室简介

知识目标

● 能描述 HCL 功能界面组成；
● 能描述各操作区及设备的基本用法。

能力目标

● 能够完整创建、保存、打开一个工程；
● 能够熟练进行网络拓扑图的搭建。

学习目标

随着信息化的不断推进，当今社会正处于信息爆炸的时代，而计算机网络是信息互通的重要支撑，同时也是目前诸如物联网、大数据、云计算和人工智能等技术的基础平台。各单位都认识到网络的重要性，也都在努力地组建自己的内部网络，从而实现资源共享和信息传递。计算机网络的建设和维护需要大量的网络技术人才，只有很好地掌握网络设备的配置与管理，才能得心应手地进行单位内部网络的组建和配置，以及进行后期网络设备的维护与管理工作。

任务 熟悉 H3C Cloud Lab

➡ 任务描述

你受聘于一家公司，准备参与一所高校的新校区网络规划和建设项目。虽然你先前学习过基本的网络知识，但作为一名职场新人，为了能够更好地完成项目，很想通过软件提前模拟项目的配置过程。本任务主要练习工程的创建、保存、关闭和打开，以及简单网络拓扑的组建。

➡ 任务分析

H3C Cloud Lab（HCL，华三云实验室）是由 H3C 公司发布的一款辅助学习工具，为学习网络课程的初学者设计、配置、排除网络故障提供了网络模拟环境。用户可以在本软件的图形用户界面上组建网络拓扑，完成网络设备的配置和故障排除。软件操作界面真实，功能齐全，非常适合网络技术初学者学习 H3C 网络设备的配置与管理，本书采用的是 HCL v2.1.1 版本。

➡ 任务实施

步骤一：新建工程

以双击 HCL 快捷方式启动 HCL 后，将自动新建一个临时工程，用户可在此 **实验视频** 临时工程上创建拓扑网络。若想创建新的工程，请单击快捷操作区的"新建工程"图标，弹出新建工程对话框，在创建工程对话框中输入工程名，完成新工程的创建。

图 1-1 设备类型

步骤二：添加设备

在工作台添加设备，步骤如下：

（1）在设备选择区单击相应的设备类型按钮（DIY、交换机、路由器、防火墙），将弹出可选的设备类型列表，如图 1-1 所示。

（2）用户可以通过以下两种方式向工作台添加设备。

● 单台设备添加模式：单击设备类型图标，并拖曳到工作台，松开鼠标后，从而完成单台设备的添加。

● 设备连续添加模式：单击设备类型图标，松开鼠标，即进入设备连续添加模式，光标变成设备类型图标。在此模式下，单击工作台任意区域，每单击一次，便添加一台设备（由于添加设备需要时间，故在前一次添加未完成的过程中的单击操作将被忽略），右击工作台任意位置或按 ESC 键退出设备连续添加模式。

步骤三：操作设备

右击工作台中的设备，弹出操作项菜单，根据需要单击菜单项对当前设备进行操作。设备在不同状态下有不同的操作项，当设备处于停止状态时，弹出如图 1-2 所示的右键菜单；当设备处于启动状态时，弹出如图 1-3 所示的右键菜单。

● 启动、停止设备：当设备处于停止状态时，单击"启动"选项启动设备，设备图标中的图案变成绿色，设备切换到运行状态；当设备处于运行状态时，单击"停止"选项停止设备，设备图标中的图案变成白色，设备切换到停止状态。

● 添加连线：单击"连线"菜单项，鼠标形状变成"十"字，进入连线状态。如图 1-4 所示，在此状态下单击一台设备，再在弹窗中选择链路源接口，接着单击另一台设备，在弹窗中选择目的接口，从而完成连接操作。单击右键退出连线状态。

图 1-2 停止状态右键菜单

图 1-3 启动状态右键菜单

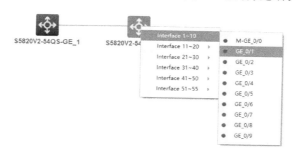

图 1-4 添加连线

- 启动命令行终端：单击"启动命令行终端"选项即启动命令行终端，弹出与设备同名的命令行输入窗口，如图 1-5 所示。
- 删除设备：单击"删除"选项，可删除设备。

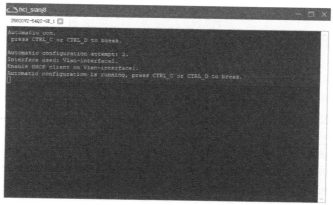

图 1-5 命令行终端

步骤四：保存工程

工程创建完成后，单击快捷操作区中的"保存工程"图标，如果是临时工程，则弹出保存工程对话框。在保存对话框中输入工程名和工程路径，将工程保存到指定位置。

步骤五：关闭软件

单击主界面"关闭"图标，可关闭 HCL 软件。

步骤六：打开工程

单击快捷操作区中的"打开工程"图标，弹出打开工程对话框，双击工程图标，即可打开工程。

相关知识

（一）HCL 简介

HCL 是一款界面图形化的全真网络模拟软件，用户可以通过该软件实现 H3C 公司多个型号虚拟设备的组网，是用户学习、测试基于 H3C 公司 Comware V7 平台网络设备的必备工具。

双击桌面快捷方式启动 HCL，其界面如图 1-6 所示，分为 7 个区域。HCL 界面的功能分区描述如表 1-1 所示。

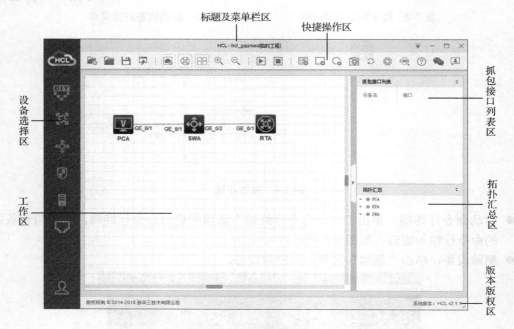

图 1-6　HCL 界面

表 1-1　HCL 界面的功能分区描述

区　域	描　述
标题及菜单栏区	标题显示当前工程的信息，若用户未创建工程则显示为临时工程名"hcl_随机 6 位字符串[临时工程]"，否则显示工程名与工程路径的组合，如"hcl_test[C:\Documents and Setting\user\HCL\Projects\Test]"。单击右侧下拉菜单图标可弹出操作菜单
快捷操作区	该区域从左至右包括工程操作、显示控制、设备控制、图形绘制、扩展功能五类快捷操作，鼠标悬停在图标上时显示图标功能提示
设备选择区	该区域从上到下依次为 DIY（Do It Yourself，用户自定义设备）、路由器、交换机、防火墙、终端和连线
工作区	该区域用来搭建拓扑网络的工作区，可以进行添加设备、删除设备、连线、删除连线等可视化操作，并显示搭建出来的图形化拓扑网络
抓包接口列表区	该区域汇总了已设置抓包的接口列表。通过右键菜单可以进行停止抓包、查看抓取报文等操作
拓扑汇总区	该区域汇总了拓扑中的所有设备和连线。通过右键菜单可以对拓扑进行简单的操作
版本版权区	该区域显示软件版权和版本信息

（二）功能模块介绍

1. 下拉菜单

（1）工程

工程子菜单包括"新建…""打开…""移除…""保存""另存为…"和"导出…"6个选项。

① 新建…

单击"新建…"选项，弹出新建工程对话框，输入工程名称后单击"确认"按钮，即成功建立新的工程。单击"浏览"按钮可以修改工程文件的保存目录。此外，用户还可以通过单击快捷操作区的"新建工程"图标来新建工程。

说明：

● 工程名由字母、数字和下画线组成，其他字符非法，最大长度为20个字符，非法字符或多余字符将被屏蔽。

● 由于Windows目录不区分字母大小写，故大写字母在存储时自动转为小写字母。

② 打开…

单击"打开…"选项，弹出打开工程对话框，此对话框显示用户创建的所有工程。单击选中工程，双击打开工程，鼠标悬停时显示工程完整路径。

若用户想要打开的工程文件不在此对话框中，则可单击"浏览"按钮，在Windows文件选择窗口中选择工程，选择的类型可以是".net"后缀的工程配置文件，也可以是".hcl"后缀的工程导出文件。

此外，用户还可以通过单击快捷操作区的"打开工程"图标启动打开操作。若用户没有可用的工程，则直接弹出Windows文件选择窗口（同单击"浏览"按钮弹出的窗口）。

③ 移除…

单击"移除…"选项，弹出移除工程对话框，此对话框显示用户创建过的所有工程，单击选中工程，双击启动删除工程。

④ 保存与另存为…

若用户当前操作工程为临时工程，单击"保存"或"另存为…"选项，则弹出另存工程为对话框。若当前操作工程不是临时工程，单击"保存"选项则直接启动保存操作。

HCL提供一个以"hcl_"开头的6位随机字符串作为工程名，用户可自行更改工程名和工程路径。此外，用户还可以通过单击快捷操作区的"保存工程"图标，启动"保存"操作。

⑤ 导出…

HCL以文件夹的方式保存工程，工程文件夹内包括工程文件、抓包目录等，"导出工程"可以将工程内的所有配置导出到一个文件中，方便用户发布已经搭建好的工程。

单击"导出…"选项，弹出文件存放路径选择对话框，导出完成后将在指定目录下生成一个以".hcl"为后缀的文件。

导出后的".hcl"文件可以分发给其他用户，其他用户可以通过打开工程对话框导入该工程，导入时会弹出"打开HCL文件"对话框，要求输入新的工程名称与路径，导入完成后会在指定的工程路径下恢复原目录结构。

（2）编辑

编辑子菜单包括"全选"和"取消全选"两个选项。

● 单击"全选"选项选中工作台的所有对象，包括虚拟设备、注释、图形。

● 单击"取消全选"选项取消对工作台所有对象的选择。

（3）设置

单击"设置"菜单项弹出设置页面，用户可以根据需求进行设置。

设置页面有"常规""工具"和"版本"三个子页面，每个子页面的"重置"按钮只对当前子页面有效。

（4）帮助

帮助子菜单包括"HCL 帮助""关于 HCL""关于 GNS3"和"关于 QT"4 个选项。

● 单击"HCL 帮助"选项，弹出 HCL 软件用户手册。

● 单击"关于 HCL"选项，显示 HCL 的版权声明。

● HCL 基于 GNS3 和 QT 的开源代码实现，所以附有 GNS3、QT 的版权声明，单击"关于 GNS3"选项和"关于 QT"选项可以查看相关的版权声明。

（5）收集日志信息

单击"收集日志文件"按钮，HCL 将开始收集软件运行过程中生成的日志信息并保存到路径："C:\Users\用户名\HCL\"目录下的"Logfile.zip"文件夹中，便于用户进行反馈。

（6）退出

单击"退出"菜单项退出 HCL。

2. 快捷操作区

（1）工程操作区

工程操作区提供了用户经常使用的操作工程的快捷按钮，如图 1-7 所示，从左至右图标的功能依次为新建工程、打开工程、保存工程和导出工程。

（2）显示控制区

显示控制区如图 1-8 所示，此区域控制工作台的显示状态。

图 1-7 工程操作区   图 1-8 显示控制区

前 3 个图标功能依次为接口名显示、设备名显示和网格显示。图标外层有方框表示当前处于显示状态，否则表示处于未显示状态。单击后两个图标可放大和缩小工作台。

（3）设备控制区

设备控制区如图 1-9 所示，图标功能依次为启动所有设备和停止所有设备。

（4）图形绘制区

图形绘制区如图 1-10 所示。

图 1-9 设备控制区   图 1-10 图形绘制区

① 添加文本注释

单击图形绘制区中的"添加文本注释"图标，再单击工作台的空白区域，即可在此位置添加文本，右击文本区域，在弹出的下拉菜单中选择菜单项即可对文本进行操作。

菜单项的解释如下。

● 风格：设置文本的显示样式。单击"风格"菜单项，弹出"风格"窗口。在弹窗中单击"选择颜色"按钮，弹出颜色选择框设置文本的颜色；单击"选择字体"按钮，弹出字体选择框设置文本字体；旋转角度表示设置矩形旋转的角度，正数表示顺时针旋转，负数表示逆时针旋转。

● 复制：单击"复制"菜单项可以复制选中的文本。

● 删除：单击"删除"菜单项可以删除选中的文本。

● 下降一层：单击"下降一层"菜单项层级减 1。

● 上升一层：单击"上升一层"菜单项层级加 1。

② 绘制矩形

单击图形绘制区中的"绘制矩形"图标，再单击工作台的空白区域，即可在单击位置添加矩形。右击工作台任意位置或按 ESC 键可以退出绘制矩形。

右击矩形区域，弹出下拉菜单，单击"风格"菜单项弹出风格窗口。

● 选择填充颜色：单击"选择填充颜色"菜单项弹出设置矩形框背景颜色窗口。

● 选择边框颜色：单击"选择边框颜色"菜单项弹出设置矩形边框颜色窗口。

● 边框粗细：设置矩形边框的粗细。

● 边框线型：在下拉框中可以选择边框的线条类型。

● 旋转角度：设置矩形旋转的角度，正数表示顺时针旋转，负数表示逆时针旋转。

③ 绘制椭圆

绘制椭圆的操作方式与绘制矩形类似，有关绘制椭圆的详细介绍请参见 HCL 软件用户手册。

④ 工作台截图

单击图形绘制区域的"截图"图标，则在选定路径生成当前工作台的截图。

（5）扩展功能区

扩展功能区依次包含更新、设置、命令行查询、帮助、微信和论坛图标，如图 1-11 所示。

● 更新：单击此图标后对 HCL 软件进行版本更新。

● 设置：有关"设置"的详细介绍，请参见下拉菜单中的"设置"介绍。

● 命令行查询：单击此图标，打开命令行查询工具。

● 帮助：单击此图标，打开 HCL 软件用户手册。

● 微信：当鼠标悬停在此图标上时，将显示 H3C 培训中心客户服务账号微信二维码。

● 论坛：单击此图标，则跳转进入 HCL 软件用户论坛。

3. 设备选择区

设备选择区从上到下包含 DIY、路由器、交换机、防火墙、终端 5 类设备和连线。

（1）DIY

单击 DIY 图标，弹出如图 1-12 所示的用户自定义设备类型的列表。

图 1-11 扩展功能区

图 1-12 DIY 设备

初次使用软件时没有 DIY 设备类型，需要单击"DIY Device"图标，启动创建自定义设备类型弹出框。DIY 设备类型弹出框从上到下分为"接口编辑区""接口选择区""设备类型操作区"和"设备类型列表区"4 个区域。

创建 DIY 设备类型的步骤如下：

① 在设备类型操作区输入设备类型名。

② 从接口选择区选择接口类型，然后添加到接口编辑区。单击选择接口类型，进入连续添加模式，右击接口编辑区任意位置可以退出连续添加模式；拖曳选择接口类型，进入单次添加模式。右击接口编辑区中的接口可删除该接口。

③ 接口添加完成后单击"保存"按钮，设备类型将被添加到设备类型列表区中；单击"加载"按钮加载设备类型列表区中选中的设备类型，并将该设备的接口显示到接口编辑区；单击"删除"按钮删除选中的 DIY 设备类型。

（2）路由器

单击设备选择区的路由器图标，弹出如图 1-13 所示的路由器设备类型列表，HCL 目前支持模拟 MSR36-20 型号路由器。

（3）交换机

单击设备选择区的交换机图标，弹出如图 1-14 所示的交换机设备类型列表，HCL 目前支持模拟 S5820V2-54QS-GE 型号交换机。

图 1-13　路由器设备类型列表

图 1-14　交换机设备类型列表

（4）防火墙

单击设备选择区的防火墙图标，弹出如图 1-15 所示的防火墙设备类型列表，HCL 目前支持模拟 F1060 型号防火墙。

（5）终端

单击设备选择区的终端图标，弹出如图 1-16 所示的终端类型列表，包含本地主机（Host）、远端虚拟网络代理（Remote）和虚拟主机（PC）。

图 1-15　防火墙设备类型列表

图 1-16　终端类型列表

① 本地主机

本地主机即 HCL 软件运行的宿主机，在工作台添加本地主机后便将宿主机虚拟化成虚拟网络中的一台主机设备。工作台中的主机网卡与宿主机的真实网卡相同，通过将主机网卡和虚拟设备的接口进行连接，实现宿主机与虚拟网络的通信。

② 虚拟主机

虚拟主机即 HCL 软件运行的模拟 PC 功能的设备，在工作台添加虚拟主机后便模拟出了一款 PC 设备。虚拟主机可以直接和设备进行连线。

在虚拟主机启动后，通过右键菜单的"配置"选项可以打开虚拟主机的配置窗口。在该窗口可以设置接口的可用状态及选择静态或 DHCP 方式配置接口的 IPv4 地址、IPv6 地址和网关。

（6）连线

单击"连线"图标，弹出"连线类型列表"，连线类型的介绍如表 1-2 所示。

表 1-2　连线类型的介绍

类　型	描　述
Manual	手动连线模式，连线时选择类型
GigabitEthernet	仅用于 GE 口之间的连接
Ten-GigabitEthernet	仅用于 XGE(10GE)口之间的连接
Forty-GigabitEthernet	仅用于 FGE(40GE)口之间的连接
Serial	仅用于 S(Serial)口之间的连接
POS	仅用于 POS 口之间的连接
E1	仅用于 E1 口之间的连接
ATM	仅用于 ATM 口之间的连接

选择"Manual"类型进入手动连线模式，连线时手动选择接口；选择其他连线类型，则进入自动连线模式，连线时根据选择的连线类型自动选择对应类型的接口进行连接。

连接完成后，在工作台显示的设备之间连线的颜色与连线类型图标的颜色一致。右击退出连线模式。

4．工作台

用户在此区域通过添加设备、连线和图形等元素组建虚拟网络。

5．抓包列表区

抓包列表区显示所有设置抓包接口的信息，如图 1-17 所示，列表区分为 3 列，从左向右依次为设备运行状态、设备名和接口名。

● 设备运行状态：红色指示灯表示设备处于停止状态，绿色指示灯表示设备处于运行状态。设备处于运行状态时，才可抓取到报文。

● 设备名：开启抓包操作的接口所在设备的名称。

● 接口名：开启抓包操作的接口名称。

右击列表表项，在弹出的右键菜单中可以停止所有接口或指定接口的抓包操作，单击"启动 Wireshark"选项，启动分析报文的 Wireshark 软件，再单击"导出抓包文件"选项，可以导出抓取的报文到指定目录中。

6．拓扑汇总区

拓扑汇总区显示了工作台上所有设备的拓扑结构，如图 1-18 所示。

（1）展开或隐藏接口的连接情况

可以展开或折叠拓扑汇总区列表，操作如下。

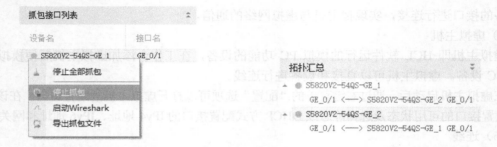

图 1-17　抓包接口列表　　　　　　　　　　　　图 1-18　拓扑汇总区

- 操作单个设备：双击设备名或单击状态指示灯左侧三角图标，可以展开或隐藏本设备接口连线情况。
- 操作所有设备：右击拓扑汇总区，在弹出的菜单中单击"全部展开"显示接口的连线情况，单击"全部折叠"则隐藏接口的连线情况。

（2）操作设备

右击设备名在弹出的菜单中选择菜单项可以配置、启动、停止、删除设备，并支持将该节点定位到工作台的中间位置。

（3）连线操作

右击接口连接表项，在弹出的下拉菜单中选择菜单项，可以实现开启抓包、停止抓包、启动 Wireshark、导出抓包文件和删除连线操作。

小　结

- HCL 是由 H3C 开发的一款界面图形化的全真网络模拟软件；
- HCL 可以模拟设计搭建网络、配置网络设备、排除网络故障。

巩固与提高

用 HCL 软件搭建如图 1-19 所示的网络拓扑图。

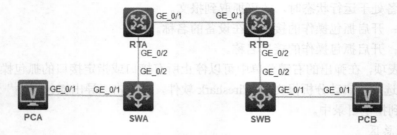

图 1-19　网络拓扑图

网络设备基本操作

知识目标

- 掌握命令行视图模式及其之间的转换关系；
- 掌握常见网络设备配置命令的用法；
- 识别命令行错误信息及其原因；
- 掌握配置文件保存、擦除、备份与恢复的方法。

能力目标

- 会在各命令行视图之间进行转换；
- 能熟练使用常见的配置命令；
- 会配置 Telnet 远程登录；
- 会使用 FTP 上传下载文件。

学习目标

　　随着人类社会进入知识经济时代，人本管理的问题越来越被重视，人们对办公环境的要求也越来越高，所以对网络设备的监控和维护是一刻都不能少的，于是能远程访问网络设备及进行操作成为网络工程师的首选。同时，为了增强网络的可靠性，防止网络设备出现故障进而影响网络及业务的正常运行，需要对配置文件进行备份，以便系统在出现问题时能够及时恢复到初始化配置。

任务 1 命令行使用入门

任务描述

通过前面的学习，读者已经对 HCL 的界面有了一定的认识和了解，现在要用该软件部署一台交换机或路由器，并且进行基本命令的练习。

任务分析

网络设备有多种访问方式，在 HCL 软件中，设备启动后，右击设备选择"启动命令行终端"，即通过 Console 口登录到网络设备上。

任务实施

步骤一：进入系统视图

右击交换机图标，选择"启动命令行终端"，配置界面默认处于用户视图下：

实验视频

```
<H3C>
```

用户视图的提示符为"<×××>"，括号里面的"H3C"为此设备的名称，H3C 网络设备默认的用户名均为"H3C"。通常情况下需要根据设备的定位或功能等进行重命名。

此时执行 system-view 命令进入系统视图：

```
<H3C>system-view
System View: return to User View with Ctrl+Z.
[H3C]
```

此时提示符变为"[×××]"形式，说明用户已经处于系统视图。

在系统视图下，执行 quit 命令可以从系统视图切换到用户视图：

```
[H3C]quit
<H3C>
```

步骤二：学习使用帮助特性和补全键

H3C Comware 平台支持对命令行的输入帮助和智能补全功能。

输入帮助特性：在输入命令时，如果忘记某一个命令的全称，则可以在配置视图下仅输入该命令的前几个字符，然后输入"？"，系统会自动列出以刚才输入的前几个字符开头的所有命令。当输入完一个命令关键字或参数时，也可以用"？"来查看紧随其后可用的关键字和参数。

在系统视图下输入 sys，再输入"？"，系统会列出以 sys 开头的所有命令：

```
[H3C]sys?
  sysname               Specify the host name
  system-working-mode   System working mode
```

在系统视图下输入 sysname，输入空格和"？"，系统列出 sysname 命令后可以输入的命令关键字和参数。

```
[H3C]sysname ?
  TEXT    Host name (1 to 64 characters)
```

智能补全功能：在输入命令时，不需要输入一条命令的全部字符，仅输入前几个字符，再按 Tab 键，系统会自动补全该命令。如果有多个命令都具有相同的前缀字符时，连续按 Tab 键，系统会在这几个命令之间进行切换。

比如，在系统视图下输入 sys：

```
[H3C]sys
```

按 Tab 键，系统自动补全该命令：

```
[H3C] system-working-mode
```

如果此命令不是需要的命令，则可继续按 Tab 键，系统显示以 sys 为前缀的其他命令：

```
[H3C] sysname
```

又如，在系统视图下输入 in：

```
[H3C]in
```

按 Tab 键，系统自动补全 in 开头的第一个命令：

```
[H3C]interface
```

连续按 Tab 键，系统在以 in 为前缀的命令中进行切换：

```
[H3C]info-center
```

步骤三：更改设备名称

使用 sysname 命令更改设备名称。

```
[H3C]sysname S1
[S1]
```

可见，此时显示的设备名已经由初始的 H3C 变为 S1。

由于系统有自动识别功能，所以在输入命令行时，为方便操作，有时仅输入前面几个字符即可，当然前提是这几个字符可以唯一表示一条命令，所以上述命令又可以简写为：

```
[H3C]sysn S1
[S1]
```

步骤四：显示系统运行配置

使用 display current-configuration 命令显示系统当前运行的配置，由于使用的设备及模块不同，操作时显示的具体内容也会有所不同，在如下的配置信息中，请注意查看刚刚配置的 sysname S1 命令，同时请查阅接口信息，并与设备的实际接口和模块进行比对。

```
<S1>display current-configuration
#
 version 7.1.075, Alpha 7571
#
 sysname S1
#
```

```
  clock protocol none
#
  irf mac-address persistent timer
  irf auto-update enable
  undo irf link-delay
  irf member 1 priority 1
#
  lldp global enable
#
  system-working-mode standard
  xbar load-single
  password-recovery enable
  lpu-type f-series
#
vlan 1
#
  stp global enable
#
---- More ----
```

使用空格键可以继续翻页显示，按 Enter 键进行翻行显示，或使用 Ctrl+C 组合键结束显示，这里使用空格键继续显示配置。

```
#
interface NULL0
#
interface FortyGigE1/0/53
 port link-mode bridge
#
interface FortyGigE1/0/54
 port link-mode bridge
#
interface GigabitEthernet1/0/1
 port link-mode bridge
 combo enable fiber
#
interface GigabitEthernet1/0/2
 port link-mode bridge
 combo enable fiber
#
interface GigabitEthernet1/0/3
 port link-mode bridge
 combo enable fiber
#
interface GigabitEthernet1/0/4
 port link-mode bridge
 combo enable fiber
---- More ----
```

从当前配置中可以看出该路由器拥有多个物理接口，具体的实际接口数目和类型与当前设备的型号和所插板卡有关。

步骤五：显示保存的配置

使用 display saved-configuration 命令显示当前系统的保存配置：

```
<S1>display saved-configuration
<S1>
```

结果显示当前系统没有保存的配置文件，但是为什么显示运行配置（current-configuration）时有配置呢？那是因为运行配置实际上保存在临时存储器中，而不是保存在固定的存储介质中，所以设备重启后运行配置会丢失，因此要求将正确的运行配置及时保存；而保存配置（saved-configuration）存储在 CF 卡（或 Flash、硬盘等）上，这里我们并没有进行保存操作，所以在 CF 卡上并没有保存配置文件。这就是运行配置和保存配置的不同之处。

步骤六：保存配置

使用 save 命令保存配置：

```
<S1>save
The current configuration will be written to the device. Are you sure? [Y/N]:
```

选择 Y，确定将当前运行配置写进设备存储介质中：

```
Please input the file name(*.cfg)[flash:/startup.cfg]
(To leave the existing filename unchanged, press the enter key):
```

系统提示请输入保存配置文件的文件名，注意文件名的格式为*.cfg，该实验中系统默认将配置文件保存在 CF 卡中，保存后的文件名为 startup.cfg，如果不更改系统默认保存的文件名，请按 Enter 键：

```
Validating file. Please wait...
Saved the current configuration to mainboard device successfully.
```

这是第一次保存配置文件的过程。如果以后再次保存配置文件，则显示如下：

```
<S1>save
The current configuration will be written to the device. Are you sure? [Y/N]:y
Please input the file name(*.cfg)[flash:/startup.cfg]
(To leave the existing filename unchanged, press the enter key):
flash:/startup.cfg exists, overwrite? [Y/N]:y
Validating file. Please wait...
Saved the current configuration to mainboard device successfully.
```

按 Enter 键后，系统会提示是否覆盖以前的配置文件，因为此时还是选择了系统默认文件名 startup.cfg 来保存配置文件的。

再次显示保存的配置：

```
<S1>display saved-configuration
#
 version 7.1.075, Alpha 7571
#
 sysname S1
#
```

```
    clock protocol none
#
    irf mac-address persistent timer
    irf auto-update enable
    undo irf link-delay
    irf member 1 priority 1
#
    lldp global enable
#
    system-working-mode standard
    xbar load-single
    password-recovery enable
    lpu-type f-series
#
    vlan 1
#
    stp global enable
#
---- More ----
```

由于执行了 save 命令，所以保存配置与运行配置一致。

步骤七：删除和清空配置

当需要删除某条命令时，可以使用 undo 命令进行逐条删除，例如，删除 sysname 命令后，设备名称恢复成 H3C：

```
[S1]undo sysname
[H3C]
```

当需要恢复到出厂默认配置时，首先在用户视图下执行 reset saved-configuration 命令用于清空保存配置（只是清除保存配置，当前配置还是存在的），然后执行 reboot 命令重启整机后恢复到出厂默认配置（此过程需要几分钟时间）。

```
[H3C]quit
<H3C>reset saved-configuration
The saved configuration file will be erased. Are you sure? [Y/N]:y
Configuration file in flash: is being cleared.
Please wait ...
MainBoard:
Configuration file is cleared.
<H3C>reboot
Start to check configuration with next startup configuration file, please wait.........DONE!
Current configuration may be lost after the reboot, save current configuration? [Y/N]:y
Please input the file name(*.cfg)[flash:/startup.cfg]
(To leave the existing filename unchanged, press the enter key):
Validating file. Please wait...
Saved the current configuration to mainboard device successfully.
This command will reboot the device. Continue? [Y/N]:y
Now rebooting, please wait...
```

```
%Nov 11 12:53:15:554 2018 H3C DEV/5/SYSTEM_REBOOT: System is rebooting now.
Cryptographic Algorithms Known-Answer Tests are running ...
CPU 0 of slot 1 in chassis :
Starting Known-Answer tests in the user space.
Known-answer test for SHA1 passed.
Known-answer test for SHA224 passed.
Known-answer test for SHA256 passed.
Known-answer test for SHA384 passed.
Known-answer test for SHA512 passed.
Known-answer test for HMAC-SHA1 passed.
Known-answer test for HMAC-SHA224 passed.
Known-answer test for HMAC-SHA256 passed.
Known-answer test for HMAC-SHA384 passed.
Known-answer test for HMAC-SHA512 passed.
Known-answer test for AES passed.
Known-answer test for RSA(signature/verification) passed.
Known-answer test for RSA(encrypt/decrypt) passed.
Known-answer test for DSA(signature/verification) passed.
Known-answer test for random number generator passed.
Known-Answer tests in the user space passed.
Starting Known-Answer tests in the kernel.
Known-answer test for AES passed.
Known-answer test for HMAC-SHA1 passed.
Known-answer test for SHA1 passed.
Known-answer test for GCM passed.
Known-answer test for GMAC passed.
Known-answer test for random number generator passed.
Known-Answer tests in the kernel passed.
Cryptographic Algorithms Known-Answer Tests passed.
Line con0 is available.

Press ENTER to get started.
```

步骤八：显示文件目录

首先使用 pwd 命令显示当前路径。

```
<H3C>pwd
flash:
```

可见当前路径是 flash:/，因为 CF 卡上存有其他文件夹目录，并且有的交换机拥有多个硬盘和 Flash 卡，所以使用 pwd 命令能清楚地知道当前所在的路径。

然后，使用 dir 命令显示 CF 卡上所有文件列表：

```
<H3C>dir
Directory of flash:
   0 drw-           - Aug 31 2018 16:34:04   diagfile
   1 -rw-        1554 Nov 11 2018 12:52:58   ifindex.dat
   2 -rw-       21632 Aug 31 2018 16:34:04   licbackup
   3 drw-           - Aug 31 2018 16:34:04   license
   4 -rw-       21632 Aug 31 2018 16:34:04   licnormal
   5 drw-           - Nov 11 2018 12:53:14   logfile
```

```
    6 -rw-          0 Aug 31 2018 16:34:02 s5820v2_5830v2-cmw710-boot-a7514.bin
    7 -rw-          0 Aug 31 2018 16:34:02 s5820v2_5830v2-cmw710-system-a7514.bin
    8 drw-          - Aug 31 2018 16:34:04 seclog
    9 -rw-       6143 Nov 11 2018 12:52:58 startup.cfg
   10 -rw-     110584 Nov 11 2018 12:52:58 startup.mdb
1046512 KB total (1046300 KB free)
```

在上例中，dir 命令显示出的第一列为编号；第二列为属性，d 为目录，rw 为可读/写文件；第三列为文件大小。通过属性列，可看出 logfile 实际上是一个目录。

步骤九：显示文本文件的内容

使用 more 命令显示文本文件的内容。

```
<H3C>more startup.cfg
#
 version 7.1.075, Alpha 7571
#
 sysname H3C
#
 clock protocol none
#
 irf mac-address persistent timer
 irf auto-update enable
 undo irf link-delay
 irf member 1 priority 1
#
 lldp global enable
#
 system-working-mode standard
 xbar load-single
 password-recovery enable
 lpu-type f-series
#
 vlan 1
#
 stp global enable
#
---- More ----
```

步骤十：改变当前工作路径

使用 cd 命令改变当前工作路径。

进入 logfile 子目录：

```
<H3C>cd logfile/
<H3C>dir
Directory of flash:/logfile
    0 -rw-       6639 Nov 11 2018 12:53:14     logfile.log
1046512 KB total (1046300 KB free)
```

退出当前目录：

```
<H3C>cd ..
<H3C>pwd
flash:
<H3C>
```

步骤十一：文件删除

用save命令保存一个配置文件并命名为20180214.cfg，再使用delete命令删除该配置文件。

```
<H3C>save 20180214.cfg
The current configuration will be saved to flash:/20180214.cfg. Continue? [Y/N]:y
Now saving current configuration to the device.
Saving configuration flash:/20180214.cfg.Please wait...
Configuration is saved to device successfully.
<H3C>dir
Directory of flash:
  0 -rw-      6143 Aug 31 2018 19:01:39 20180214.cfg
  1 -rw-    110650 Aug 31 2018 19:01:39 20180214.mdb
  2 drw-         - Aug 31 2018 16:34:04 diagfile
  3 -rw-      1554 Aug 31 2018 19:01:39 ifindex.dat
  4 -rw-     21632 Aug 31 2018 16:34:04 licbackup
  5 drw-         - Aug 31 2018 16:34:04 license
  6 -rw-     21632 Aug 31 2018 16:34:04 licnormal
  7 drw-         - Nov 11 2018 12:53:14 logfile
  8 -rw-         0 Aug 31 2018 16:34:02 s5820v2_5830v2-cmw710-boot-a7514.bin
  9 -rw-         0 Aug 31 2018 16:34:02 s5820v2_5830v2-cmw710-system-a7514.bin
 10 drw-         - Aug 31 2018 16:34:04 seclog
 11 -rw-      6143 Nov 11 2018 12:52:58 startup.cfg
 12 -rw-    110584 Nov 11 2018 12:52:58 startup.mdb

1046512 KB total (1046180 KB free)

<H3C>delete 20180214.cfg
Delete flash:/20180214.cfg? [Y/N]:y
Deleting file flash:/20180214.cfg... Done.
```

删除20180214.cfg配置文件后，再次查看文件列表，确认该文件已经被删除。

```
<H3C>dir
Directory of flash:
  0 -rw- 110650 Aug 31 2018 19:01:39 20180214.mdb
  1 drw-      - Aug 31 2018 16:34:04 diagfile
  2 -rw-   1554 Aug 31 2018 19:01:39 ifindex.dat
  3 -rw-  21632 Aug 31 2018 16:34:04 licbackup
  4 drw-      - Aug 31 2018 16:34:04 license
  5 -rw-  21632 Aug 31 2018 16:34:04 licnormal
  6 drw-      - Nov 11 2018 12:53:14 logfile
  7 -rw-      0 Aug 31 2018 16:34:02 s5820v2_5830v2-cmw710-boot-a7514.bin
  8 -rw-      0 Aug 31 2018 16:34:02 s5820v2_5830v2-cmw710-system-a7514.bin
  9 drw-      - Aug 31 2018 16:34:04 seclog
```

```
10 -rw-     6143 Nov 11 2018 12:52:58 startup.cfg
11 -rw-   110584 Nov 11 2018 12:52:58 startup.mdb

1046512 KB total (1046172 KB free)
```

此时，虽然选择了 Y 删除该文件，但是在删除该文件前后，为什么 CF 卡的可用内存却反而变为 1046172 KB free 了呢？

那是因为使用 delete 命令删除文件时，创建了回收站文件夹，添加的一些标记会占用空间，且被删除的文件仍会保存在回收站中占用存储空间。如果用户经常使用该命令删除文件，则可能导致设备的存储空间不足。如果要彻底删除回收站中的某个废弃文件，则必须在文件的原归属目录下执行 reset recycle-bin 命令，才可以将回收站中的废弃文件彻底删除，以回收存储空间。

使用 dir/all 命令来显示当前目录下所有文件及子文件夹的信息，显示内容包括非隐藏文件、非隐藏文件夹、隐藏文件和隐藏子文件夹，回收站文件夹名为 ".trash"，可以通过 dir /all .trash 命令来查看回收站内有哪些文件。

```
<H3C>dir /all
Directory of flash:
   0 -rw- 110650 Aug 31 2018 19:01:39 20180214.mdb
   1 drw-        - Aug 31 2018 16:34:04 diagfile
   2 -rw-     1554 Aug 31 2018 19:01:39 ifindex.dat
   3 -rw-    21632 Aug 31 2018 16:34:04 licbackup
   4 drw-        - Aug 31 2018 16:34:04 license
   5 -rw-    21632 Aug 31 2018 16:34:04 licnormal
   6 drw-        - Nov 11 2018 12:53:14 logfile
   7 -rw-        0 Aug 31 2018 16:34:02 s5820v2_5830v2-cmw710-boot-a7514.bin
   8 -rw-        0 Aug 31 2018 16:34:02 s5820v2_5830v2-cmw710-system-a7514.bin
   9 drw-        - Aug 31 2018 16:34:04 seclog
  10 -rw-     6143 Nov 11 2018 12:52:58 startup.cfg
  11 -rw- 110584 Nov 11 2018 12:52:58 startup.mdb
  12 -rwh       18 Nov 11 2018 12:52:58 .privatedata.main
  13 drwh        - Aug 31 2018 16:34:06 .rollbackinfo
  14 drwh        - Aug 31 2018 19:02:18 .trash

1046512 KB total (1046172 KB free)

<H3C>dir /all .trash
Directory of flash:/.trash
   0 -rw-     6143 Aug 31 2018 19:01:39 20180214.cfg_0001
   1 -rwh       52 Aug 31 2018 19:02:18 .trashinfo

1046512 KB total (1046172 KB free)
```

可见文件 20180214.cfg 仍然存在于 CF 卡中，使用 reset recycle-bin 命令清空回收站收回存储空间。

```
<H3C>reset recycle-bin
Clear flash:/20180214.cfg? [Y/N]:y
Clearing file flash:/20180214.cfg... Done.
```

```
<H3C>dir /all .trash
Directory of flash:/.trash
  0 -rwh          0 Aug 31 2018 19:14:21 .trashinfo

1046512 KB total (1046184 KB free)
```

清空回收站后，可见已经删除了 20180214.cfg 文件，并且可用内存空间已经变为 1046184 KB 了。

还有另外一种方法可以直接删除文件，而不需要经过清空回收站：使用 delete /unreserved 命令删除某个文件，则该文件将被彻底删除，不能再恢复。其效果等同于执行 delete 命令之后，再在同一个目录下执行 reset recycle-bin 命令。

```
<H3C>delete /unreserved 20180214.mdb
The file cannot be restored. Delete flash:/20180214.mdb? [Y/N]:y
Deleting the file permanently will take a long time. Please wait...
Deleting file flash:/20180214.mdb... Done.
<H3C>dir /all .tra
<H3C>dir /all .trash
Directory of flash:/.trash
  0 -rwh          0 Aug 31 2018 19:14:21      .trashinfo

1046512 KB total (1046296 KB free)
```

➡ 相关知识

（一）命令视图简介

命令视图是 Comware 命令行接口对用户的一种呈现方式，用户登录到命令行接口后总会处于某种视图之中，可以通过命令调整当前所在视图。当用户处于某种视图中时，就只能执行该视图所允许的特定命令和操作。当所处的视图与查看或配置命令不匹配时，系统会报错。

命令行接口提供多种命令视图，比较常见的命令视图类型包括以下几种。

（1）用户视图：网络设备启动后的默认视图。在该视图下可以查看启动后设备的基本运行状态和统计信息。该视图的提示符为"<H3C>"，其中，H3C 为设备名称。

（2）系统视图：配置系统全局通用参数的视图。在用户视图下使用 system-view 命令进入该视图。该视图的提示符为"[H3C]"，H3C 同样是设备名称。

（3）接口视图：配置接口参数的视图。在该视图下可以配置接口相关的物理属性、链路层特性及 IP 地址等重要参数。使用 interface 命令并指定接口类型及接口编号可以进入相应的接口视图。

（4）路由协议视图：在后续项目中会涉及路由相关知识，路由协议的大部分参数是在路由协议视图下进行配置的。在系统视图下，使用路由协议启动命令可以进入相应的路由协议视图中，如 RIP 协议视图、OSPF 协议视图等。

视图具备层次化结构，要进入某个视图，需要使用相应的特定命令，且必须遵循视图的层次结构，层层进入，而要从当前视图返回上一层视图，可以使用 quit 命令，退出时则按照相反的次序。如果要从任意的非用户视图立即返回到用户视图，则可以执行 return 命令，也可以直接按 Ctrl+Z 组合键。

讲课视频

图 2-1 展示各种命令视图之间的关系。比如，要进入接口视图，必须首先进入系统视图，然后再进入接口视图，不能从用户视图直接进入接口视图；如要从接口视图退回系统视图，则可以采用 quit 命令，再次使用 quit 命令可退回到用户视图；如要从接口视图直接返回到用户视图，则可以采用 return 命令或按 Ctrl+Z 组合键。

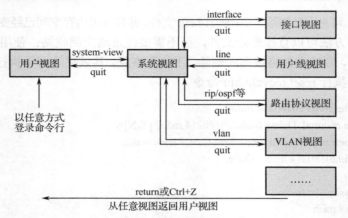

图 2-1　各种命令视图之间的关系

（二）命令行使用

1. 命令行帮助功能

命令行接口提供方便易用的在线帮助手段，便于用户使用。

（1）？键：在命令行上输入命令时，可以通过？键输出命令获取该视图下所有命令及其描述。

（2）Tab 键：输入命令某个关键字的前几个字母，按 Tab 键，如果已输入字母开头的关键字唯一，则可以显示出完整的关键字；如果不唯一，反复按 Tab 键，则可以循环显示所有已输入字母开头的关键字；

（3）↑键或按 Ctrl+P 组合键：调出缓冲区中的历史命令，如有多个历史命令，则可通过多次按↑键或 Ctrl+P 组合键依次显示。

2. 显示功能

在查看信息时，如果一次显示信息超过一屏，则会暂时停止继续显示，用户可以根据实际情况做出如下 3 种选择。

（1）按 Space 键：继续显示下一屏信息。

（2）按 Enter 键：继续显示下一行信息。

（3）按 Ctrl+C 组合键：停止显示和执行命令。

3. 错误提示信息

用户输入的命令如果通过语法检查则正确执行，否则向用户报告错误信息，系统会用 "^" 在错误位置进行提示。常见的错误提示信息如下：

（1）Unrecognized command found at '^' position

当前视图错误、没有查找到命令、参数类型错误或值越界。

（2）Incomplete command found at '^' position

输入命令不完整。

（3）Ambiguous command found at '^' position

已输入的字母开头的命令模糊、不唯一，无法识别。

（4）Too many parameters found at '^' position

输入参数过多。

（5）Wrong parameter found at '^' position

输入参数错误。

（三）常用命令

1. 常用设备管理命令

● 在系统视图下，设置设备的名称：

[H3C]sysname *name*

其中，name 为要设置的设备名，是由 1～64 个字符组成的字符串。

● 在任意视图下，查看当前系统时间。下面以用户视图为例：

<H3C>display clock

2. 常用信息查看命令

信息查看命令是用户在配置和维护过程中经常用到的命令，对于系统运行状态和配置参数，系统均提供了相应的查看命令。

在任意视图下，可以通过如下命令查看相关信息。下面以用户视图为例进行说明。

● 查看网络设备使用的操作系统版本号等信息：

<H3C>display version

● 查看设备的当前配置：

<H3C>display current-configuration

● 查看设备的起始配置：

<H3C>display saved-configuration

● 查看系统当前和下次启动时使用的配置文件：

<H3C>display startup

● 查看当前视图下生效的配置信息：

<H3C>display this

任务2 配置远程登录

⊖ 任务描述

作为网络工程师，在实施项目前，要先了解网络设备（交换机或路由器）的基本登录方式，为进一步管理、配置网络设备做好准备。

⊖ 任务分析

网络设备的访问方式有多种，如通过 Console 线缆连接、通过 Telnet 远程访问，也可以通过网管软件访问等。不同的访问方式有着不同的特点及应用场景，Console 线缆连接需要亲临现场，简单快捷，刚出厂的网络设备在还没有进行各种配置的情况下必须采用这种访问方式；而远程访问是通过网络远程访问的，不需要到现场，有着管理上的便利性，但同时也存在着安全隐患。本任务以一台交换机和一台本地主机作为演示设备，实现通过 Telnet 方式登录网络设备，如图 2-2 所示。

图 2-2　配置远程登录网络拓扑图

任务实施

步骤一：配置 Telnet 用户

进入系统视图模式。

实验视频

```
<H3C>sys
System View: return to User View with Ctrl+Z.
[H3C]
```

创建一个用户，用户名为 test。

```
[H3C]local-user test
New local user added.
```

为该用户创建登录时的认证密码，密码为 123。

```
[H3C-luser-manage-test]password simple 123
```

设置该用户使用 telnet 服务类型，该用户的用户角色 user-role 为 level-0（level-number 中的 number 对应用户角色的级别，数值越小，用户的权限级别越低）。

```
[H3C-luser-manage-test]service-type telnet
[H3C-luser-manage-test]authorization-attribute user-role level-0
[H3C-luser-manage-test]quit
[H3C]
```

步骤二：打开 Telnet 服务

```
[H3C]telnet server enable
```

步骤三：配置对 Telnet 用户使用默认的本地认证

进入 VTY 0-63 用户线，系统支持 64 个 VTY 用户同时访问。VTY 口属于逻辑终端线，用于对设备进行 Telnet 访问。

```
[H3C]line vty 0 63
```

交换机可以采用本地或第三方服务器来对用户进行认证，这里使用本地认证授权方式（认证模式为 scheme）。

```
[H3C-line-vty0-63]authentication-mode scheme
```

步骤四：进入接口视图，配置交换机管理 IP 和 PC 网卡地址

使用 interface 命令进入交换机管理 VLAN，使用 ip address 命令配置交换机管理 VLAN IP 地址。

```
[H3C]interface Vlan-interface 1
[H3C-Vlan-interface1]ip address 192.168.0.254 255.255.255.0
```

同时在本地 PC 对应接口网卡（VirtualBox Host-Only Ethernet Adapter）上设置一个与交换机管理 IP 相同网段的地址 192.168.0.100/24，如图 2-3 所示。

图 2-3　IP 地址配置图

提示：在实验机房环境下配置交换机和 PC 的 IP 地址时，由于机房内的所有主机处于同一个局域网内，所以 IP 地址存在冲突的情况，需要调整；或者将各自本地局域网卡暂时禁用，从而营造了单机实验的环境，不会造成冲突。

配置完成后能看到交换机 Vlan-interface1 接口自动 UP 的信息。

%Sep　1　19:59:46:539　2018　H3C　IFNET/3/PHY_UPDOWN: Physical state on the interface Vlan-interface1 changed to up.

%Sep　1　19:59:46:540　2018　H3C　IFNET/5/LINK_UPDOWN: Line protocol state on the interface Vlan-interface1 changed to up.

步骤五：Telnet 登录验证

出于安全考虑，Windows 7 及后续版本关闭了 Telnet 客户端，故需要先将 Telnet 客户端打开。

打开"控制面板"，依次单击"程序"→"启动或关闭 Windows 功能"，打开 Windows 功能对话框，如图 2-4 所示，勾选"Telnet Client"，再单击"确定"按钮。

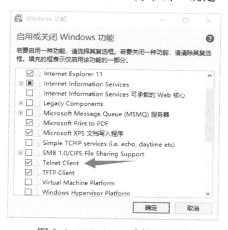

图 2-4　Windows 功能对话框

右击"开始"按钮，单击"运行"选项，在打开的运行对话框中输入"cmd"，打开命令行窗口，输入"telnet 192.168.0.254"，如图 2-5 所示。

图 2-5　命令行窗口

按 Enter 键，进入登录验证界面，根据提示依次输入 Telnet 的用户名及密码，当显示出"<H3C>"提示符时表明已成功登录交换机，如图 2-6 所示。

提示：在输入密码时系统是不显示出来的，输入完成后直接按 Enter 键即可。

图 2-6　Telnet 登录界面

同时，在交换机命令行窗口上会有如下信息显示，表明源 IP 地址为 192.168.0.100 的设备远程登录到交换机中。

%Sep   4 10:44:58:230 2018 S1 SHELL/5/SHELL_LOGIN: test logged in from 192.168.0.100.

步骤六：保存配置，重新启动

先使用 save 命令将当前配置保存到设备存储介质中，再使用 reboot 命令重新启动系统。

<H3C>save
The current configuration will be written to the device. Are you sure? [Y/N]:y
Please input the file name(*.cfg)[flash:/startup.cfg]
(To leave the existing filename unchanged, press the enter key):
Validating file. Please wait...
Saved the current configuration to mainboard device successfully.
<H3C>reboot
Start to check configuration with next startup configuration file, please wait.........DONE!
This command will reboot the device. Continue? [Y/N]:y
Now rebooting, please wait...

相关知识

（一）访问网络设备的 CLI

为了通过命令行接口对网络设备进行管理和操作，H3C 网络设备提供了多种

讲课视频

方式访问 CLI，最常见的访问方式如下：

1. 通过 Console 口访问

网络设备都提供一个 Console 口，端口类型为 EIA/TIA-232 DCE。图 2-7 中网络设备以交换机为例，用户需要把一台字符终端的串行接口通过专用的 Console 线缆连接到网络设备的 Console 口上，然后通过终端访问 CLI。

图 2-7　通过 Console 口访问网络设备

终端登录到网络设备的 Console 口是一种最基本的连接方式，初始配置必须通过这种方式进行。Console 线缆的网络设备的一端一般为 RJ-45 接口，用于连接网络设备的 Console 口，另一端为 DB9 接口，用于与终端计算机的串口相连。如果终端为笔记本电脑等没有 DB9 接口的设备，则按照实际需要进行转接。由于 Console 线缆的传输距离和长度都是有限的，所以这种方法只适用于本地操作。

用户默认网络设备的 Console 口拥有最大权限，可以执行一切操作和配置。在实际工作场景中，通常会用运行终端仿真程序（如 SecureCRT）的计算机替代终端。

2. 通过 Telnet 访问

Telnet 协议是 TCP/IP 协议家族中的一员，其用于主机或终端之间远程连接，并且是一个进行数据交互的协议。它遵循客户机/服务器的模型，使用户的本地计算机能够与远程服务器连接而成为远程服务器的一个终端，从而允许用户登录到远程服务器系统中进行操作，就像直接在服务器的控制台上输入一样。它为用户提供了在本地计算机上完成远程工作的能力。

网络设备可以作为 Telnet 服务器，为用户提供远程登录服务。通过 Telnet 访问网络设备的连接方式如图 2-8 所示。在这种连接方式下，用户通过一台作为 Telnet 客户端的计算机直接对网络设备发起 Telnet 登录，登录成功后即可对设备进行操作配置。当然，网络设备也可以作为 Telnet 客户端。

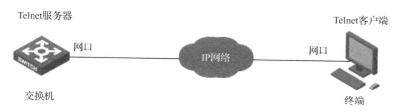

图 2-8　通过 Telnet 访问网络设备的连接方式

通过 Telnet 访问网络设备时，首先要保证客户端和服务器端之间的 IP 可达性，也就是说，网络设备和客户端必须配置了正确的 IP 地址，而且其中间设备都必须具备正确的路由；其次基于安全性考虑，服务器端必须配置 Telnet 验证信息，包括用户名和密码等；再次中间设备必须允许 TCP 和 Telnet 协议报文通过。

3. 通过 SSH 进行访问

在 Telnet 远程登录到网络设备上进行操作时，所有信息都是以明文的方式在网络上传输的，是不加密的，这势必会带来安全隐患。为了提高信息的安全性，可以使用 SSH（Secure Shell）协议。SSH 协议提供了严格的身份验证和加密手段，保证了信息传输的安全性，是目前较为可靠、专为远程登录会话和其他网络服务提供安全性的协议。利用 SSH 协议可以有效防止远程操作过程中的信息泄露问题。

（二）配置 Telnet

● 使能服务器端 Telnet 功能

[H3C]telnet server enable

● 创建本地用户

[H3C]local-user *username* **[class {manage|network}]**

其中，username 为要创建的本地用户名，是由 1~80 个字符组成的字符串；用户类型包括 manage 和 network：manage 为设备管理类用户，用于登录设备，对设备进行配置和监控；network 为网络接入用户，用于通过设备接入网络，访问网络资源；用户类型可以省略，默认情况下为 manage 用户。

● 设置当前用户密码

[H3C-luser-manage-username]password {simple|hash} *password*

密码类型包括 simple 和 hash 两种：simple 为普通文本密码；hash 为哈希文本密码。后面的 password 参数要根据不同密码类型的要求进行输入。

● 设置当前用户服务类型

[H3C-luser-manage-username] service-type telnet

● 设置用户角色

[H3C-luser-manage-username]authorization-attribute user-role *role*

role 为用户角色名，用户角色包括 5 种类型：network-admin、network-operator、level-n（n=0~15）、security-audit、guest-manager。

● 进入 VTY 用户界面视图

[H3C]line vty *firstnum* **[***lastnum***]**

VTY 的编号为 0~63，第一个远程登录的用户为 VTY 0；第二个远程登录的用户为 VTY 1，依次类推。

● 设置验证方式

[H3C-line-vty0-63]authentication-mode {none|password|scheme}

验证方式有 3 种：none、password 和 scheme。none 为不进行验证；password 为仅用密码验证，登录时只需要输入密码即可；scheme 为采用用户名/密码验证方式，登录时需要输入用户名和密码。

● 创建或进入 VLAN 虚接口

[H3C]interface Vlan-interface *vlan-id*

● 配置虚接口的 IP 地址

[H3C-Vlan-interface1]ip address *ip-address* **{***mask|mask-length***}**

任务 3　网络文件的传输

➡ 任务描述

作为网络工程师，在实施项目前，要先了解文件的传输原理，并进行配置文件的备份，以便当网络设备的配置文件由于误操作或其他原因被破坏的时候能够及时恢复配置。

➡ 任务分析

网络设备的配置文件存储于 Flash 中，如果配置文件由于误操作或其他原因被破坏，网络设备将无法正常工作。因此，为了设备及业务的正常运行，通常将配置文件进行备份操作，即把配置文件传输到备份服务器进行备份，当网络设备的配置文件遭到破坏时，则从备份服务器上将配置文件写回到网络设备上即可。FTP/TFTP 都是文件传输协议，只是根据自身协议的特点应用场景不同而已。本任务仍旧以一台交换机和一台本地主机作为演示设备，来实现通过 FTP 方式进行配置文件的备份。网络拓扑图同任务 2，如图 2-2 所示。

➡ 任务实施

实验视频

（一）通过 FTP 实现

步骤一：基本组网搭建及 IP 地址配置

按照任务 2 中的图 2-2 进行网络组网搭建连接，并配置交换机的管理 IP 地址和本地主机 IP 地址。

步骤二：通过命令行配置 FTP 用户

进入系统视图模式。

```
<H3C>sys
System View: return to User View with Ctrl+Z.
[H3C]
```

创建 FTP 用户并配置密码。

```
[H3C]local-user test
New local user added.
[H3C-luser-manage-test]password simple 123
```

设置该用户使用 FTP 的服务类型，并设置该用户的角色为 level-15。

```
[H3C-luser-manage-test]service-type ftp
[H3C-luser-manage-test]authorization-attribute user-role level-15
[H3C-luser-manage-test]quit
```

步骤三：打开 FTP 服务

```
[H3C]ftp server enable
[H3C]quit
```

步骤四：将配置文件保存为 H3C-config.cfg

```
<H3C>save
```

```
The current configuration will be written to the device. Are you sure? [Y/N]:y
Please input the file name(*.cfg)[flash:/startup.cfg]
(To leave the existing filename unchanged, press the enter key):H3C-config.cfg
Validating file. Please wait...
Saved the current configuration to mainboard device successfully.
```

步骤五：查看文件列表，H3C-config.cfg 已经存在

```
<H3C>dir
Directory of flash:
   0 -rw-      6827 Sep 04 2018 11:23:32   H3C-config.cfg
   1 -rw-    125049 Sep 04 2018 11:23:32   H3C-config.mdb
   2 drw-         - Sep 04 2018 10:00:08   diagfile
   3 -rw-      1578 Sep 04 2018 11:23:32   ifindex.dat
   4 -rw-     21632 Sep 04 2018 10:00:08   licbackup
   5 drw-         - Sep 04 2018 10:00:08   license
   6 -rw-     21632 Sep 04 2018 10:00:08   licnormal
   7 drw-         - Sep 04 2018 10:49:54   logfile
   8 -rw-         0 Sep 04 2018 10:00:08   s5820v2_5830v2-cmw710-boot-a7514.bin
   9 -rw-         0 Sep 04 2018 10:00:08   s5820v2_5830v2-cmw710-system-a7514.bin
  10 drw-         - Sep 04 2018 10:00:08   seclog
  11 -rw-      6523 Sep 04 2018 10:49:38   startup.cfg
  12 -rw-    124054 Sep 04 2018 10:49:38   startup.mdb

1046512 KB total (1046152 KB free)
```

步骤六：使用 FTP 登录

在本地主机命令行窗口中，使用 FTP 登录交换机，输入 FTP 用户密码，如图 2-9 所示。

图 2-9　FTP 登录

步骤七：使用 FTP 下载配置文件

使用 FTP 中的 get 命令下载配置文件到本地目录，如图 2-10 所示。

```
ftp> get H3C-config.cfg
200 PORT command successful
150-Connecting to port 56677
150 6.3 kbytes to download
226 File successfully transferred
ftp: 收到 6746 字节，用时 0.00秒 6746.00千字节/秒。
```

图 2-10　使用 FTP 下载配置文件

注意： PC 的当前目录为 C:\Windows\system32，下载的文件放在此目录下。

步骤八：使用 FTP 上传配置文件

使用 FTP 中的 put 命令上传备份的配置文件。实验中将刚才下载的配置文件 H3C-config.cfg

重新上传到交换机上，如图 2-11 所示。

图 2-11　使用 FTP 上传配置文件

注意：PC 的当前目录为 C:\Windows\system32，需要上传的文件放在此目录下。

步骤九：还原网络设备的配置文件

设置启动配置文件：

<H3C>startup saved-configuration H3C-config.cfg
Please wait...... Done.

查看启动文件：

从查询结果可以看出，当前的启动文件为startup.cfg，下次启动的配置文件为H3C-config.cfg。

<H3C>display startup
MainBoard:
　Current startup saved-configuration file: flash:/startup.cfg
　Next main startup saved-configuration file: flash:/H3C-config.cfg
　Next backup startup saved-configuration file: NULL

（二）通过 TFTP 实现

本实验在 FTP 实验的基础上进行。

步骤一：启动 TFTP 服务器端程序

本实验以 Tftpd32 程序作为 TFTP 的服务器端为例进行介绍。设置 TFTP 服务器端当前用于上传和下载的本地目录，以及服务器端采用的网卡，如图 2-12 所示。

图 2-12　配置 TFTP 的服务器端

步骤二：使用 TFTP 上传配置文件

在 TFTP 客户端（网络设备）上，使用 TFTP 中的 put 命令将配置文件上传至服务器，如图 2-13 所示。TFTP 服务器（本地主机）的当前工作目录为 D:\Program Files\Tftpd32，可到此目录下查看。

注意：如果出现 "Timeout was reached"，则表明本地主机无回应，需要检查本地主机是否开启了防火墙。

```
<H3C>tftp 192.168.0.100 put H3C-config.cfg H3C-cfg-backup.cfg
Press CTRL+C to abort.
  % Total    % Received % Xferd  Average Speed   Time    Time     Time  Current
                                 Dload  Upload   Total   Spent    Left  Speed
100  6867    0    0    100  6867     0   745k --:--:-- --:--:-- --:--:--   838k
```

图 2-13　使用 TFTP 上传配置文件

步骤三：使用 TFTP 下载配置文件

使用 TFTP 中的 get 命令下载备份服务器上的配置文件，将刚才上传的配置文件 H3C-cfg-backup.cfg 重新下载到交换机上，如图 2-14 所示。TFTP 服务器（本地主机）的当前工作目录为 D:\Program Files\Tftpd32，要下载的文件需放在此目录下。

```
<H3C>tftp 192.168.0.100 get H3C-cfg-backup.cfg
Press CTRL+C to abort.
  % Total    % Received % Xferd  Average Speed   Time    Time     Time  Current
                                 Dload  Upload   Total   Spent    Left  Speed
100  6867  100  6867    0    0  1117k     0 --:--:-- --:--:-- --:--:--  1676k
Writing file...Done.
```

图 2-14　使用 TFTP 下载配置文件

步骤四：还原网络设备配置文件

此步可参考通过 FTP 实现文件的上传、下载实验中的步骤九。

📌 相关知识

讲课视频

（一）配置文件

配置文件是指以文本格式保存设备配置命令的文件，它记录用户的配置信息。通过配置文件，用户可以方便地查看设备配置信息。图 2-15 详细展示了各配置文件之间的关系。

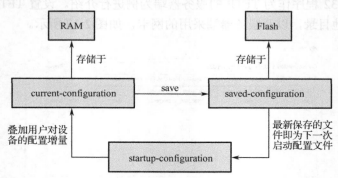

图 2-15　配置文件关系图

系统启动时，如果用户指定了启动配置文件（startup-configuration），且配置文件存在，则系统以启动配置文件进行初始化；如果用户没有指定任何启动配置文件，或用户指定的启动配置文件不存在，则以空配置进行初始化。

启动时初始化的配置叠加启动后用户对设备进行的配置增量，就是系统运行时的配置，即当前配置（current-configuration）；当前配置暂存于 RAM 中，RAM 用于系统运行中的随机存储，系统关闭或重启后其信息会丢失，故在系统关闭或重启时，应该考虑是否进行当前配置的保存。

对当前配置执行 save 命令进行保存后，生成保存的配置文件（saved-configuration），保存的配置存储在 Flash 中。网络设备可以保存多个配置文件，最后一次保存的配置文件将默认作为下一次的启动配置文件。

如果需要重新设置下次启动采用的配置文件，可使用如下命令：

<H3C>startup saved-configuration *filename*

如果需要擦除设备中下次启动配置文件，可使用如下命令：

<H3C>reset saved-configuration

配置文件被擦除后，设备下次上电时，系统将采用默认的配置参数进行初始化。

（二）文件传输

FTP（File Transfer Protocol）/TFTP（Trivial File Transfer Protocol）是文件传输协议，可以用来在服务器和客户端之间进行网络设备文件的传输。

FTP 承载于 TCP 之上，提供可靠的面向连接数据流的传输服务，FTP 在进行文件传输时，服务器和客户端之间要建立控制连接和数据连接。FTP 客户端发出传输请求，与服务器的 21 号端口建立控制连接，通过控制连接来协商数据连接。网络设备用 FTP 传输文件有如下两种工作方式。

- 网络设备作为 FTP 服务器：网络设备启动 FTP 服务器功能，设置登录用户的验证信息及服务，客户端发起 ftp 请求登录到服务器上，然后通过 put 命令和 get 命令进行文件的上传和下载。
- 网络设备作为 FTP 客户端：远程设备作为 FTP 服务器，需要做好 FTP 服务器的配置；网络设备作为 FTP 客户端，发起 ftp 请求登录到服务器上，然后通过 put 命令和 get 命令进行文件的上传和下载。

TFTP 承载于 UDP 之上，提供不可靠的数据流传输服务，简单、开销小。它适用于客户端和服务器之间简单交互和相对可靠的网络。

相比 FTP 实现的文件传输，网络设备用 TFTP 传输文件仅有一种方式：网络设备作为 TFTP 客户端，远程设备作为 TFTP 服务器。当需要下载文件时，网络设备作为 TFTP 客户端，发起 tftp 读请求，然后从服务器接收数据；当需要上传文件时，网络设备作为 TFTP 客户端，发起 tftp 写请求，然后向服务器发送数据。

（三）配置文件传输

1. 配置 FTP

- 使能服务器端 FTP 功能

[H3C]ftp server enable

- 创建本地用户

[H3C]local-user *username* **[class {manage|network}]**

- 设置用户密码

[H3C-luser-manage-username]password {simple|hash} *password*

- 设置用户服务类型

[H3C-luser-manage-username] service-type ftp

● 设置用户角色

[H3C-luser-manage-username]authorization-attribute user-role *role*

上述配置命令用法及说明请参考本项目任务 2。

2. 配置 TFTP

<H3C>tftp *server-address* **{get|put|sget}** *sour-filename* [*dest-filename*] **[source {interface** *interface-type interface-number***|ip** *sour-ip-address***}]**

其中，sget 表示在安全模式下从 TFTP 服务器下载文件，网络设备将下载的文件先保存到内存中，等文件全部接收完毕再将其写到 Flash 中，避免了因文件下载失败导致原有系统文件被覆盖的风险。由于 TFTP 客户端到服务器的路由可能有多条，所以可以通过 source 关键字指定客户端 TFTP 报文的源地址。

小　结

● 命令行提供多种命令视图，命令视图之间可以通过命令进行转换；
● H3C 网络设备常用的访问方式 Console 口、Telnet 或 SSH；
● 网络设备采用 FTP/TFTP 协议进行文件传输的原理及过程。

巩固与提高

作为网络工程师，配置文件的备份与恢复是你的重要工作之一。请按照图 2-16 所示的网络拓扑图，将 SWA 的配置文件备份到 SWB 上，并模拟完成配置文件的恢复。交换机管理 IP 地址列表如表 2-1 所示。

图 2-16　网络拓扑图

表 2-1　交换机管理 IP 地址列表

设 备 名 称	管理 IP 地址
SWA	172.16.0.1/24
SWB	172.16.0.2/24

网络设备基本连接与调试

知识目标

- 掌握设备互连的基本方法;
- 掌握 ping、tracert 连通性检测命令的用法;
- 掌握 debug 调试命令的用法。

能力目标

- 会使用 ping、tracert 命令定位系统故障;
- 会使用 debug 命令调试系统故障。

学习目标

网络工程项目在按照初始目标组建配置完成后,首要的任务是检查网络的连通性,测试一台主机或设备上的一个 IP 地址到另一台主机或设备上的一个 IP 地址的可达性。当网络出现故障时,能够分析出故障的网络节点。为了达到网络的连通性,单个网络设备及网络设备之间还同时运行各种协议或交互相关控制信息。有时,为了定位这些协议或模块是否正常运行,需要使用调试工具。

任务 1 网络环境的搭建

任务描述

一个网络工程项目的初始是进行基本的网络连接及相关配置,作为网络工程师,你需要先熟悉网络环境的搭建，为后续网络连通性的检查和调试做好准备。

任务分析

在进行网络搭建之前，首先需要了解如下几个问题：

● 整个网络要实现的功能有哪些？

● 功能分别在哪类设备上实现？

● 每台设备的角色定位是什么？

在厘清上述问题的基础上，再确定各设备之间互连采用的端口及线缆类型。本任务实验设备包括 2 台 MSR3620（RTA、RTB）路由器、2 台 S5820V2（SWA、SWB）交换机、2 台 PC（PCA 为本地主机，PCB 为虚拟主机）。网络设备基本连接拓扑图如图 3-1 所示。

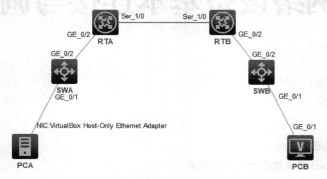

图 3-1　网络设备基本连接拓扑图

任务实施

步骤一：建立物理连接

按照图 3-1 所示进行连接。

步骤二：配置 IP 地址

按表 3-1 所示在路由器接口上分别配置 IP 地址。

实验视频

表 3-1　IP 地址列表

设 备 名 称	接　　口	IP 地址	网　　关
RTA	GE0/2	192.168.10.254/24	—
	S1/0	192.168.20.1/24	—
RTB	GE0/2	192.168.30.254/24	—
	S1/0	192.168.20.2/24	—
PCA	—	192.168.10.1/24	192.168.10.254/24
PCB	—	192.168.30.1/24	192.168.30.254/24

配置 RTA：

```
<H3C>sys
System View: return to User View with Ctrl+Z.
[H3C]sysname RTA
```

```
[RTA]interface GigabitEthernet 0/2
[RTA-GigabitEthernet0/2]ip address 192.168.10.254 24
[RTA-GigabitEthernet0/2]quit
[RTA]interface Serial 1/0
[RTA-Serial1/0]ip address 192.168.20.1 24
[RTA-Serial1/0]quit
```

配置 RTB：

```
<H3C>sys
System View: return to User View with Ctrl+Z.
[H3C]sysname RTB
[RTB]interface GigabitEthernet 0/2
[RTB-GigabitEthernet0/2]ip address 192.168.30.254 24
[RTB-GigabitEthernet0/2]quit
[RTB]interface Serial 1/0
[RTB-Serial1/0]ip address 192.168.20.2 24
[RTB-Serial1/0]quit
```

配置 PCA 的 IP 地址：

PCA 为本地主机，进行网络连接时使用的网卡为 VirtualBox Host-Only Ethernet Adapter，因此在本地主机的"网络连接"中，选择此网卡进行 IP 地址的配置，如图 3-2 所示。

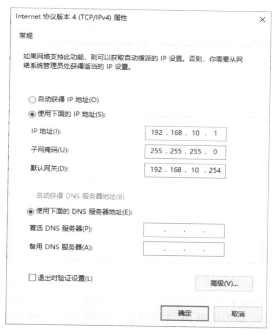

图 3-2　PCA IP 地址的配置

因为 PCA 通过二层交换机连接到路由器接口 GE0/2，所以 PCA 的网关地址应设置为路由器 RTA 接口 GE0/2 的 IP 地址。

配置 PCB 的 IP 地址：

右击 PCA，选择"配置"，进入配置 PCB 界面。"接口管理"选择"启用"，静态 IP 地址配置如图 3-3 所示，配置完成后单击"启用"按钮。最终配置完成的结果如图 3-3 所示。

图 3-3　PCB IP 地址的配置

因为 PCB 通过二层交换机连接到路由器接口 GE0/2，所以 PCB 的网关地址应设置为路由器 RTB 接口 GE0/2 的 IP 地址。

任务 2　使用 ping 命令检查网络的连通性

🔴 任务描述

网络环境搭建完成后，第一步要做的工作就是检测网络的连通性。

🔴 任务分析

使用 ping 命令可以检测网络的连通性，一般简化步骤如下。

（1）ping 本机环回地址：终端主机和路由器 ping 127.0.0.1。ping 环回地址不经过网卡，仅仅是软件层面测试，主要是为了检测设备 TCP/IP 协议能否正常工作。

（2）ping 本机 IP 地址：本测试从驱动到网卡，主要用来检测本机上的 IP 地址是否配置正确、网卡驱动是否有问题及 NIC 硬件是否有问题。

（3）ping 本网网关：本测试从本机到网关，主要用来检测本机到网关之间的网络及网关本身是否存在问题。

（4）ping 目的 IP 地址：主要用来检测本机与目的主机之间的整个网络是否存在问题。

任务实施

步骤一：RTA ping RTB

启动 RTA 命令行终端，ping RTB 的接口 S1/0，检查路由器之间接口的连通性，实验视频
如图 3-4 所示。

图 3-4 RTA ping RTB 结果

结果显示，RTA 收到了 ICMP 的 echo-reply 报文，RTA 可以 ping 通 RTB。反之亦然。

这里默认路由器发送 5 个 ICMP 请求报文，大小是 56B，所以 ping 成功后，会收到 5 个
Reply 报文。而默认 Windows 发送 4 个 ICMP 请求报文，大小是 32B。

查看路由器 ping 命令携带的参数：

```
<RTA>ping ?
  -a              Specify the source IP address
  -c              Specify the number of echo requests
  -f              Specify packets not to be fragmented
  -h              Specify the TTL value
  -i              Specify an outgoing interface
  -m              Specify the interval for sending echo requests
  -n              Numeric output only. No attempt will be made to lookup host
                  addresses for symbolic names
  -p              No more than 8 "pad" hexadecimal characters to fill out the
                  sent packet. For example, -p f2 will fill the sent packet with
                  000000f2 repeatedly
  -q              Display only summary
  -r              Record route. Include the RECORD_ROUTE option in the
                  ECHO_REQUEST packets and display the route
  -s              Specify the payload length
  -t              Specify the wait time for each reply
  -topology       Specify a topology
  -tos            Specify the TOS value
  -v              Display the received ICMP packets other than ECHO-RESPONSE
                  packets
```

-vpn-instance	Specify a VPN instance
STRING<1-253>	IP address or hostname of remote system
ip	IP information
ipv6	IPv6 information
mpls	MPLS ping

例如，可以使用参数-c 来设定发送 10 个 ping 报文：

```
<RTA>ping -c 10 192.168.20.2
```

可以使用-s 参数来设定发送 ping 报文的字节为 512B：

```
<RTA>ping -s 512 192.168.20.2
```

也可以使用-a 参数来设定 ping 报文的源地址，在网络调试中常使用加源地址 ping 来检查网络的连通性。这里使用 RTA 的接口 GE0/2 的地址为源地址，ping PCB 的结果如图 3-5 所示。

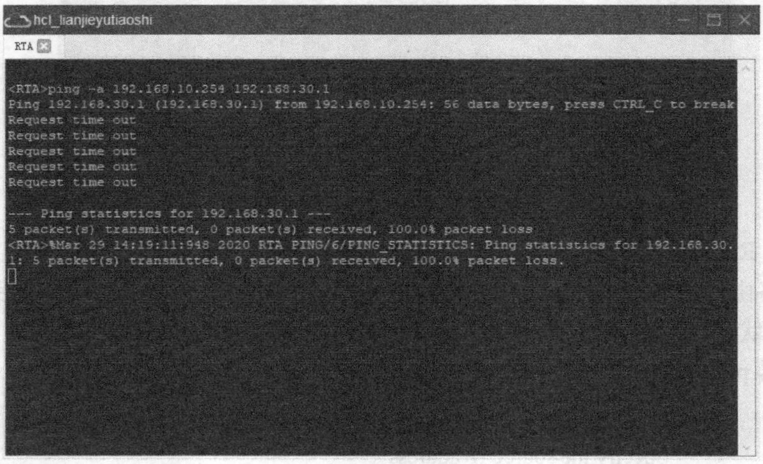

图 3-5　RTA 指定源地址 ping PCB 结果

加源地址 ping 时，只能使用设备自身的本地接口地址。此时，请读者先思考一下 ping 不通的原因，在后面的步骤中会找到答案。

步骤二：　PCA ping RTA

进入 PCA 命令行窗口，ping RTA 的 GE0/2 接口和 S1/0 接口的 IP 地址，结果如图 3-6 和图 3-7 所示。

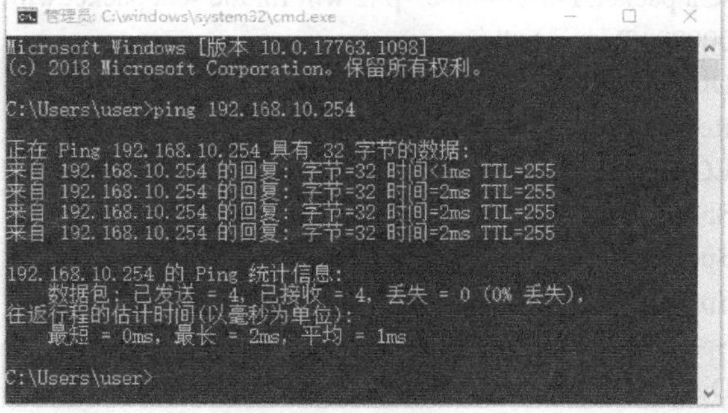

图 3-6　PCA ping RTA GE0/2 接口的结果

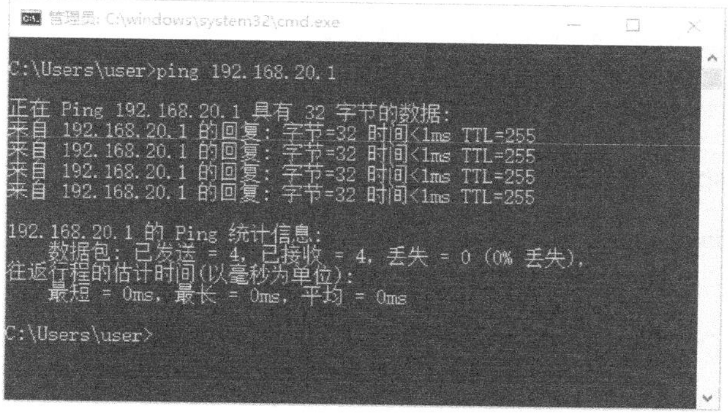

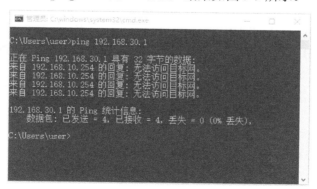

图 3-7　PCA ping RTA S1/0 接口的结果

步骤三：PCA ping RTB

进入 PCA 命令行窗口，ping RTB 的 S1/0 接口的 IP 地址，如图 3-8 所示。

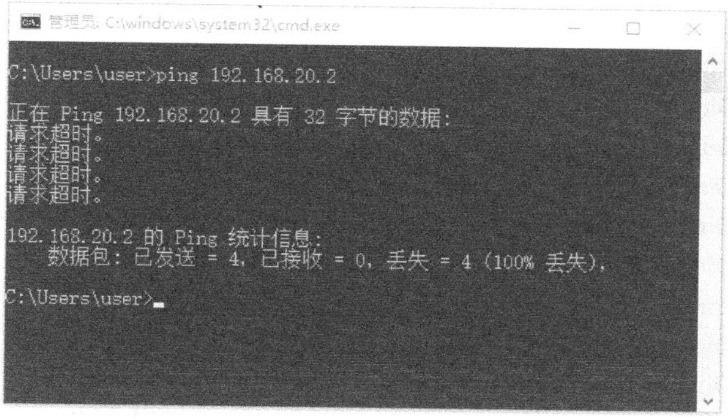

图 3-8　PCA ping RTB S1/0 接口的结果

步骤四：PCA ping PCB

进入 PCA 命令行窗口，ping PCB 的 IP 地址，结果如图 3-9 所示。

图 3-9　PCA ping PCB 的结果

结果显示，PCA 无法 ping 通 PCB 的 IP 地址。这是为什么呢？

下面一步一步来排查为什么 ping 不通。

首先，PCA ping RTA 的 GE0/2 接口，结果显示可以 ping 通。

其次，PCA ping RTB 的 S1/0 接口，结果显示无法 ping 通。

最后，PCA ping PCB，结果显示无法 ping 通。

结果表明，由 PCA 发送给 RTB 和 PCB 的 ICMP 请求报文（echo-request），没有收到回应报文（echo-reply）。

在 RTA 上使用 display ip routing-table 命令查看一下 RTA 的路由表：

```
<RTA>display ip routing-table

Destinations : 17        Routes : 17

Destination/Mask      Proto   Pre Cost       NextHop          Interface
0.0.0.0/32            Direct  0   0          127.0.0.1        InLoop0
127.0.0.0/8           Direct  0   0          127.0.0.1        InLoop0
127.0.0.0/32          Direct  0   0          127.0.0.1        InLoop0
127.0.0.1/32          Direct  0   0          127.0.0.1        InLoop0
127.255.255.255/32    Direct  0   0          127.0.0.1        InLoop0
192.168.10.0/24       Direct  0   0          192.168.10.254   GE0/2
192.168.10.0/32       Direct  0   0          192.168.10.254   GE0/2
192.168.10.254/32     Direct  0   0          127.0.0.1        InLoop0
192.168.10.255/32     Direct  0   0          192.168.10.254   GE0/2
192.168.20.0/24       Direct  0   0          192.168.20.1     Ser1/0
192.168.20.0/32       Direct  0   0          192.168.20.1     Ser1/0
192.168.20.1/32       Direct  0   0          127.0.0.1        InLoop0
192.168.20.2/32       Direct  0   0          192.168.20.2     Ser1/0
192.168.20.255/32     Direct  0   0          192.168.20.1     Ser1/0
224.0.0.0/4           Direct  0   0          0.0.0.0          NULL0
224.0.0.0/24          Direct  0   0          0.0.0.0          NULL0
255.255.255.255/32    Direct  0   0          127.0.0.1        InLoop0
```

在路由表 Destination 项中，没有看到 192.168.30.0 表项，所以当 RTA 收到 PCA 发送给 PCB 的 ping 报文后，不知道如何转发，会丢弃该报文。结果就是 PCA 无法 ping 通 PCB。

但是在路由表中，有具体路由表项 192.168.20.2，为什么 PCA 还是无法 ping 通 RTB 的接口 S1/0 呢？这是因为在 RTB 的路由表中没有 192.168.10.0 表项，所以虽然 RTA 将 PCA ping 请求报文发送给了 RTB，但是 RTB 不知道如何转发 ping 的回应报文给 PCA。因此 PCA 也无法 ping 通 RTB 的接口 S1/0。

通过上面的分析，对步骤一最后一项测试"<RTA>ping -a 192.168.10.254 192.168.30.1"不通的原因就非常清楚了，就是 RTA 没有到达 192.168.30.0/24 网段的路由，RTB 也没有到达 192.168.10.0/24 网段的路由。

步骤五：配置静态路由

使用 ip route-static 命令分别在路由器 RTA 和 RTB 上配置静态路由，目的网段为对端路由器与 PC 的互连网段，并将路由下一跳指向对端路由器的接口地址。

在 RTA 上进行配置：

```
[RTA]ip route-static 192.168.30.0 255.255.255.0 192.168.20.2
```

在 RTB 上进行配置：

```
[RTB]ip route-static 192.168.10.0 255.255.255.0 192.168.20.1
```

步骤六：PCA ping PCB 的结果如图 3-10 所示。

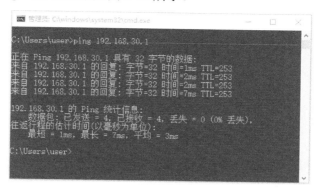

图 3-10　PCA ping PCB 的结果

可见，在 RTA 和 RTB 上配置完静态路由后，PCA 可以 ping 通 PCB。

步骤七：以 RTA 的接口 GE0/2 的地址为源地址，ping PCB 的结果如图 3-11 所示。

图 3-11　RTA 指定源地址 ping PCB 的结果

相关知识

讲课视频

ping（Packet Internet Groper，因特网包探测器）基于 ICMP（Internet Control Message Protocol，因特网控制消息协议）开发，主要用来检查网络是否通畅或分析网络连接速度的命令。

ping 使用 ICMP 回显请求报文（echo-request）和 ICMP 回显应答报文（echo-reply）来测试设备之间的连通性。图 3-12 展示了一个 ping 命令的工作过程示例。源设备向目的设备发送 ICMP echo-request 报文探测其可达性，收到此报文的目的设备则向源设备回应 ICMP echo-reply 报文，声明自己可达。源设备收到目的设备回应的 ICMP echo-reply 报文后即可判断目的设备可达，反之则可判断其不可达。

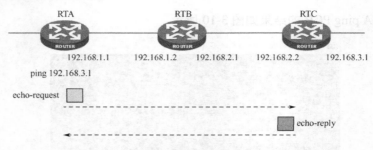

图 3-12　ping 命令的工作过程示例

ping 命令提供了丰富的可选参数，命令及主要参数如下：

ping [**-a** *source-ip*|**-c** *count*|**-f**|**-h** *ttl*|**-i** *interface-type interface-number*|**-m** *interval*|**-r**|**-s** *packet-size*|**-t** *timeout*|**-tos** *tos*] *destination-list*

其中，

（1）-a source-ip：指定 ICMP echo-request 报文中的源 IP 地址。

（2）-c count：指定发送 ICMP echo-request 报文的数目，取值范围为 1～4294967295，H3C Comware 系统默认值为 5，Windows 系统默认值为 4。

（3）-f：不允许对发送的 ICMP echo-request 报文进行分片。

（4）-h ttl：指定 ICMP echo-request 报文中的 TTL 值，取值范围为 1～255，默认值为 255。

（5）-i interface-type interface-number：指定发送 ICMP echo-request 报文的接口类型和编号。

（6）-m interval：指定发送 ICMP echo-request 报文的时间间隔，取值范围为 1～65535，单位为 ms，默认值为 200ms。

（7）-r：记录路由。默认情况下，系统不记录路由。

（8）-s packet-size：指定发送的 ICMP echo-request 报文的长度（不包括 IP 和 ICMP 报文头），取值范围为 20～8100，单位为字节，默认值为 56B。

（9）-t timeout：指定 ICMP echo-reply 报文的超时时间，取值范围为 1～65535，单位为 ms，默认值为 2000ms。

（10）-tos tos：指定 ICMP echo-request 报文中的 ToS（Type of Service，服务类型）域的值，取值范围为 0～255，默认值为 0。

（11）destination-list：指定目的设备的 IP 地址或主机名，主机名是长度为 1～20 的字符串。

任务 3　使用 tracert 命令检查网络连通性

➔ 任务描述

网络环境搭建配置完成后，通过 ping 命令测试源设备到目的设备的可达性，现需要分析报文所经过的网络节点，以便出现故障时能够快速定位。

➔ 任务分析

tracert 命令可以检测网络的连通性，可以查看报文从源设备传送到目的设备所经过的路由节点，以及它在 IP 网络中每一跳的延迟。当网络出现故障时，可以使用该命令分析出现故障的网络节点。tracert 是较为常用的网络故障诊断工具之一。

H3C Comware V7 版本中所有网络设备默认关闭追踪，开启命令如下：

[RTA]ip ttl-expires enable
[RTA]ip unreachables enable

ip ttl-expires enable 命令用来开启设备的 ICMP 超时报文的发送功能。ip unreachables enable 命令用来开启设备的 ICMP 目的端口不可达报文的发送功能。

➡ 任务实施

步骤一：PCA tracert PCB

进入 PCA 命令行窗口，tracert PCB 的 IP 地址，结果如图 3-13 所示。

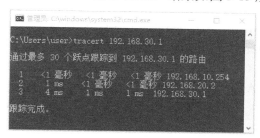

图 3-13　PCA tracert PCB 的结果

PCA 收到三个 TTL 超时 ICMP 报文，第一跳为 192.168.10.254，表明第一个报文由 RTA 返回，以此类推，第二个报文由 RTB 返回，第三个报文由 PCB 返回，可见这三个网络节点都是 IP 可达的。如果其中一个节点是不可达的，则不会返回 TTL 超时报文，从而判断该网络节点为故障网络节点，IP 不可达。

步骤二：在 RTB 上 tracert PCA

在 RTB 上执行 tracert PCA 的 IP 地址，显示第一跳为 RTA，第二跳为 PCA，结果如图 3-14 所示。

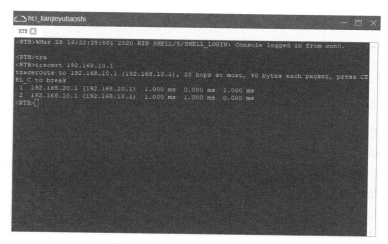

图 3-14　RTB tracert PCA 的结果

相关知识

通过使用 tracert 命令，用户可以查看报文从源设备传送到目的设备所经过的路由器。当网络出现故障时，用户可以使用该命令分析出现故障的网络节点。

tracert 通过向目标发送不同 TTL 值的 ICMP echo-request 报文（第 1 次发送报文 TTL 值默认为 1，后续每次递增 1），并且要求路径上的每个路由器在转发报文之前都将报文上的 TTL 值递减 1。当报文上的 TTL 值减为 0 时，中间网络节点则向源设备回应 ICMP ttl-exceeded 消息；当数据包到达目的设备后，目的设备向源设备回应 ICMP port-unreachable 消息，源设备收到此消息后即可判断数据包到达目的设备。

图 3-15 展示了一个 tracert 命令工作过程的示例。从 RTA 上 tracert 目的地址 192.168.3.1。RTA 上 tracert 程序发送一个 TTL 是 1 的 ICMP echo-request 报文到目的地址，当路径上的第 1 个路由器（RTB）收到这个报文时，它将 TTL 值减 1，此时 TTL 变为 0，所以该 RTB 会将此报文丢掉，并送回一个 ICMP ttl-exceeded 消息，RTA 收到这个消息后，便知道第 1 个路由器（RTB）存在于路径上；接着 RTA 上 tracert 程序再发送一个 TTL 是 2 的 ICMP echo-request 报文，发现第 2 个路由器（RTC），此时报文已经到达目的地址，RTC 将会回复 ICMP port-unreachable 消息给 RTA。

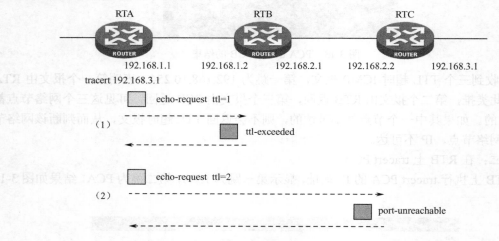

图 3-15 tracert 命令工作过程示例

tracert 命令表示如下，其提供了丰富的参数选项。

tracert [-a *source-ip*|**-f** *first-ttl*|**-m** *max-ttl*|**-p** *port*|**-q** *packet-number*|**-w** *timeout*] *destination-list*

主要参数和选项的含义如下。

（1）-a source-ip：指明 tracert 报文的源 IP 地址。

（2）-f first-ttl：指定一个初始 TTL，即第一个报文所允许的跳数。取值范围为 1～255，且小于最大 TTL，默认值为 1。

（3）-m max-ttl：指定一个最大 TTL，即一个报文所允许的最大跳数。取值范围为 1～255，且大于初始 TTL，默认值为 30。

（4）-p port：指明目的设备的 UDP 端口号，取值范围为 1～65535，默认值为 33434。一般不需要更改此选项。

（5）-q packet-number：指明每次发送的探测报文个数，取值范围为1～65535，默认值为3。

（6）-w timeout：指定等待探测报文响应的超时时间，取值范围为1～65535，单位为 ms，默认值为 5000ms。

（7）destination-list：指定目的设备的 IP 地址或主机名，主机名是长度为 1～20 的字符串。

任务4 使用 debugging 命令查看调试信息

➡ 任务描述

网络环境搭建配置完成后，通过 ping 命令或 tracert 命令测试源设备到目的设备的可达性，同时为了能够更好地进行错误诊断和定位，需要开启系统调试功能进行辅助。

➡ 任务分析

网络设备提供了种类丰富的调试功能，对于设备所支持的绝大部分协议和特性，系统都提供了相应的调试功能，可以帮助用户对错误进行诊断和定位。调试信息的输出由两个开关控制。

（1）模块调试开关：控制是否输出指定模块的调试信息。

（2）屏幕输出开关：控制是否在屏幕上显示调试信息。

默认情况下，这两个开关都处于关闭状态，只有将两个开关都打开，调试信息才会在屏幕上显示出来。

➡ 任务实施

步骤一：开启 RTB 终端对信息的监视和显示功能

在 RTB 上执行命令 terminal monitor 用于开启终端对系统信息的监视功能，执行命令 terminal debugging 用于开启终端对调试信息的显示功能。

```
<RTB>terminal monitor
The current terminal is enabled to display logs.
<RTB>terminal debugging
The current terminal is enabled to display debugging logs.
```

步骤二：打开 RTB 上 ICMP 的调试开关

在 RTB 上执行命令 debugging ip icmp，用于开启系统 ICMP 模块的调试功能。

```
<RTB>debugging ip icmp
```

步骤三：在 RTA 上 ping RTB，观察 RTB 调试信息输出

在 RTA 上 ping RTB 的串行接口地址，连续发送 10 个 ping 报文。

```
<RTA>ping -c 10 192.168.20.2
```

在 RTB 上观察 debugging 信息输出：

```
*Sep 30 15:01:14:755 2018 RTB SOCKET/7/ICMP:
ICMP Input:
 ICMP Packet: vpn = PUBLIC(0), src = 192.168.20.1, dst = 192.168.20.2
```

```
                     type = 8, code = 0 (echo)

*Sep 30 15:01:14:755 2018 RTB SOCKET/7/ICMP:
ICMP Output:
 ICMP Packet: vpn = PUBLIC(0), src = 192.168.20.2, dst = 192.168.20.1
                     type = 0, code = 0 (echo-reply)
......
```

第一条信息为 RTB 收到 ICMP 报文，类型 Type＝8 为 echo 报文，源地址为 192.168.20.1，目的地址为 192.168.20.2，第二条信息为 RTB 发出的 ICMP 报文，类型 Type＝0 为 echo-reply 报文，源地址为 192.168.20.2，目的地址为 192.168.20.1。

步骤四：关闭调试开关

调试结束后，使用 undo debugging all 命令，关闭所有模块的调试开关。

```
<RTB>undo debugging all
All possible debugging has been turned off.
```

🔁 相关知识

打开调试信息的屏幕输出开关，在命令行终端界面上显示调试信息：

<H3C>terminal debugging

打开模块调试开关，输出该模块的调试信息：

<H3C>debugging *module-name* [*option*]

module-name 指模块名称，如 arp、device 等。可以使用 debugging 命令查询设备当前支持的模块名。option 是模块的调试选项。对于不同的模块，调试选项的数量和内容不相同。可以使用 debugging module-name ?命令查询设备当前支持的指定模块的调试选项。

打开控制台对系统信息的监视功能：

<H3C>terminal monitor

调试信息属于系统信息的一种，因此，这是一个更高一级的开关命令。只不过该命令在需要观察调试信息的时候是可选的，因为默认情况下，控制台的监视功能处于开启状态。

查看系统当前已打开的调试开关：

<H3C>display debugging [*module-name*]

module-name 表示模块名，具体取值可通过执行 display debugging ?命令来获取。如果不指定本参数，则显示所有打开的调试开关。

关闭调试开关：

<H3C> undo debugging {all|*module-name* [*option*]}

all 表示所有模块的调试开关。

注意：调试信息的输出会影响系统的运行效率，因此在进行网络故障诊断时根据需要打开某个功能模块的调试开关，而不要同时打开多个功能模块的调试开关。

小　结

- ping 使用 ICMP 回显请求与应答检测网络连通性；
- tracert 使用 TTL 超时机制检测网络连通性；
- 调试信息的输出由模块开关和屏幕开关控制。

巩固与提高

请搭建如图 3-16 所示的网络拓扑图，参考本项目中各任务的配置过程完成本组网的配置，并验证 ping、tracert 和 debugging 工具的使用，具体 IP 地址规划参见表 3-2。

表 3-2　IP 地址规划表

设 备 名 称	接　　口	IP 地址	网　　关
RTA	GE0/1	172.16.0.254/24	—
	S1/0	100.0.0.1/24	—
RTB	S1/0	100.0.0.2/24	—
	S2/0	100.0.1.1/24	—
RTC	S1/0	100.0.1.2/24	—
	GE0/1	10.0.0.254/24	—
PCA	—	172.16.0.1/24	172.16.0.254/24
PCB	—	172.16.0.2/24	172.16.0.254/24
PCC	—	10.0.0.1/24	10.0.0.254/24

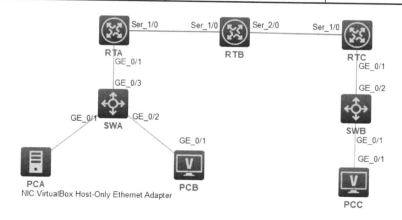

图 3-16　网络拓扑图

项目 4

配置 VLAN

‹‹‹‹‹‹

知识目标

- 了解 VLAN 产生的背景；
- 掌握 VLAN 的基本工作原理。

能力目标

- 会进行 Access 和 Trunk 端口的配置；
- 能正确进行跨交换机 VLAN 的划分。

学习目标

现如今，人们的日常生活和工作同网络紧密相连。随着企事业单位等规模的不断变大，网络规模也同步扩大，网络用户和信息的不断增加给网络的正常运行带来严峻挑战，大量广播数据在整个网络中传播，极大地占用了网络资源和主机资源的同时也带来了安全隐患，网络管理的难度和压力也倍增。

任务 1 配置 Access 链路端口

➡ 任务描述

学校内部有财务部、教务部等多个部门，为了减少因网络规模的扩大带来的资源占用、安全和管理等方面的诸多问题，在校园网的规划中，作为网络管理员，在组建局域网时需要按照部门和区域等对局域网进行分割管理。

任务分析

本任务通过在交换机上划分多个 VLAN，每个部门的主机在一个相同的 VLAN 内，从而控制了广播流量的泛洪。具体规划为：财务部（PCA、PCB）归属 VLAN10，包含端口 GE1/0/1～GE1/0/10；教务部（PCC、PCD）归属 VLAN20，包含端口 GE1/0/11～GE1/0/20。网络拓扑图如图 4-1 所示。

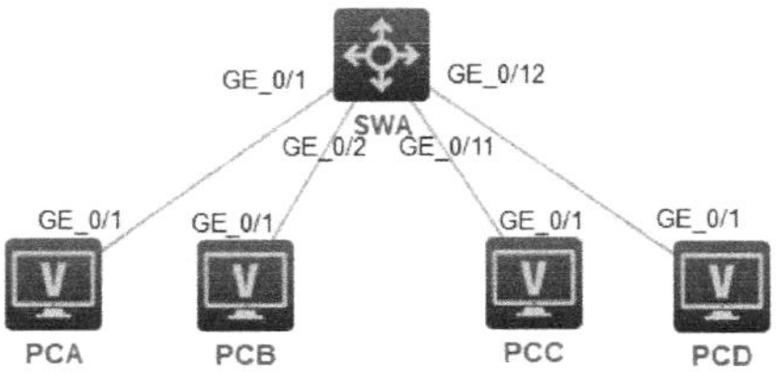

图 4-1　单交换机 VLAN 划分网络拓扑图

任务实施

步骤一：完成物理连接

按照图 4-1 进行网络连接。

步骤二：进入系统视图并改名

```
<H3C>system-view
System View: return to User View with Ctrl+Z.
[H3C]sysname SWA
```

步骤三：观察默认 VLAN

在交换机上查看 VLAN，如下所示：

```
[SWA]display vlan
 Total VLANs: 1
 The VLANs include:
 1(default)
[SWA]display vlan 1
 VLAN ID: 1
 VLAN type: Static
 Route interface: Not configured
 Description: VLAN 0001
 Name: VLAN 0001
 Tagged ports:    None
 Untagged ports:
    FortyGigE1/0/53              FortyGigE1/0/54
    GigabitEthernet1/0/1         GigabitEthernet1/0/2
    GigabitEthernet1/0/3         GigabitEthernet1/0/4
    GigabitEthernet1/0/5         GigabitEthernet1/0/6
    GigabitEthernet1/0/7         GigabitEthernet1/0/8
......
[SWA]display interface GigabitEthernet 1/0/1
......
PVID: 1
MDI type: Automdix
Port link-type: Access
 Tagged VLANs:    None
```

```
    Untagged VLANs: 1
    Port priority: 2
```

从以上输出可知，交换机上的默认 VLAN 是 VLAN 1，所有端口处于 VLAN 1 中；端口的 PVID 是 1，且为 Access 链路端口类型。

步骤四：创建 VLAN 并添加端口

在 SWA 上创建 VLAN10 和 VLAN20，并将对应的端口添加到其中。

配置 SWA：

```
[SWA]vlan 10
[SWA-vlan10]vlan 20
[SWA-vlan20]quit
[SWA]interface range GigabitEthernet 1/0/1 to GigabitEthernet 1/0/10
[SWA-if-range]port access vlan 10
[SWA-if-range]quit
[SWA]interface range GigabitEthernet 1/0/11 to GigabitEthernet 1/0/20
[SWA-if-range]port access vlan 20
[SWA-if-range]quit
```

在交换机上查看 VLAN 信息，如下所示：

```
[SWA]display vlan
 Total VLANs: 3
 The VLANs include:
 1(default), 10, 20
[SWA]display vlan 10
 VLAN ID: 10
 VLAN type: Static
 Route interface: Not configured
 Description: VLAN 0010
 Name: VLAN 0010
 Tagged ports:     None
 Untagged ports:
    GigabitEthernet1/0/1          GigabitEthernet1/0/2
    GigabitEthernet1/0/3          GigabitEthernet1/0/4
    GigabitEthernet1/0/5          GigabitEthernet1/0/6
    GigabitEthernet1/0/7          GigabitEthernet1/0/8
    GigabitEthernet1/0/9          GigabitEthernet1/0/10

[SWA]display vlan 20
 VLAN ID: 20
 VLAN type: Static
 Route interface: Not configured
 Description: VLAN 0020
 Name: VLAN 0020
 Tagged ports:     None
 Untagged ports:
    GigabitEthernet1/0/11         GigabitEthernet1/0/12
    GigabitEthernet1/0/13         GigabitEthernet1/0/14
```

GigabitEthernet1/0/15	GigabitEthernet1/0/16
GigabitEthernet1/0/17	GigabitEthernet1/0/18
GigabitEthernet1/0/19	GigabitEthernet1/0/20

步骤五：测试 VLAN 间的隔离情况

在 PC 上配置 IP 地址，通过 ping 命令来测试处于不同 VLAN 间的 PC 能否互通。

按表 4-1 所示在 PC 上配置 IP 地址。

表 4-1 IP 地址列表

设 备 名 称	IP 地址	网 关
PCA	192.168.0.1/24	—
PCB	192.168.0.2/24	—
PCC	192.168.0.3/24	—
PCD	192.168.0.4/24	—

配置完成后，在 PCA 上用 ping 命令来测试到其他 PC 的互通性。图 4-2 和图 4-3 分别显示了 PCA 与 PCB 和 PCC 之间的互通情况。

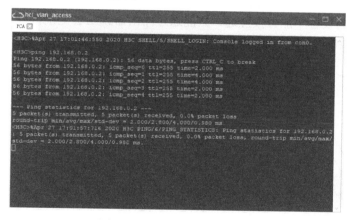

图 4-2 PCA ping PCB 的结果

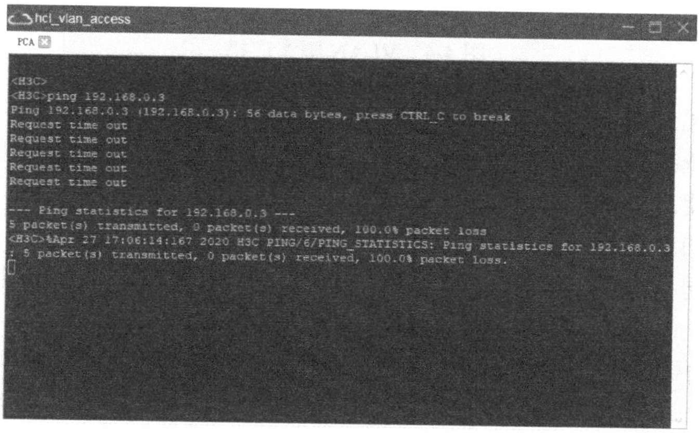

图 4-3 PCA ping PCC 的结果

可以看出，PCA 与 PCB 能够互通，与 PCC 不能互通。同样可以验证其他交换机之间的互通性。证明了不同 VLAN 之间不能互通，连接在同一交换机上的 PC 被隔离了。

讲课视频　讲课视频

相关知识

（一）VLAN 简介

在交换式以太网中，交换机所有的端口都处于同一个广播域内，因此一台主机发出一个广播数据帧能够到达局域网内的所有主机，导致局域网中到处充斥着广播流，网络带宽资源被极大地浪费。同时，过多的广播流量会造成网络设备及主机的 CPU 负担过重，系统反应变慢甚至死机。如何减小广播域的范围，提升局域网的性能，是急需解决的问题。

以太网处于 TCP/IP 协议栈的第二层，二层上的本地广播帧是不能被路由器转发的。因此，为了降低广播帧的影响，可以使用路由器来减小以太网广播域的范围，从而减少网络中的广播数据帧，提高带宽利用率。

但采用路由器来隔离广播有着其固有的缺点，如部署成本高、转发性能低、无法解决同一交换机下的隔离问题等。VLAN 技术很好地实现了广播域的隔离，同时解决了采用路由器划分广播域存在的问题。

VLAN 是虚拟局域网（Virtual Local Area Network）的简称，是在一个物理网络上划分出多个逻辑网络的技术。VLAN 划分的依据有很多，如部门、功能等。每个 VLAN 是一个广播域，不同 VLAN 间的设备不能直接互通，只能通过路由器或三层交换机等三层设备进行互通，这样广播数据帧被限制在一个 VLAN 内，如图 4-4 所示。

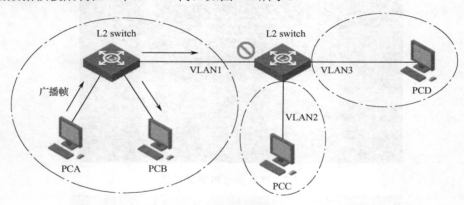

图 4-4　VLAN 隔离广播

VLAN 技术的优点如下。

（1）控制广播域的范围：广播被限制在一个 VLAN 内，广播流量只能在此 VLAN 中传播，提高了网络性能。

（2）提高网络的安全性：不同 VLAN 间的数据是被隔离的，因此不同 VLAN 的用户不能直接通信。如果不同 VLAN 间需要访问，可以通过在路由器或三层交换机等三层设备中进行路由配置来实现。

（3）提高组网的灵活性：VLAN 的划分为逻辑划分，不受物理连接的限制，同一个 VLAN 的用户也可以连接在不同的交换机上，从而提高了组网的灵活性，简化了网络管理，降低了维护成本。

（二）VLAN 的类型

（1）基于端口的 VLAN 划分

基于端口的 VLAN 划分是根据设备端口来定义 VLAN 成员的，只要将指定端口加入指定

VLAN 中即可。交换机内部维护一张 VLAN 映射表，此表记录设备端口号和 VLAN 的对应关系。这种方式是最简单有效的 VLAN 划分方法，但是当用户位置发生变化时，需要重新规划 VLAN。

（2）基于 MAC 地址的 VLAN 划分

基于 MAC 地址的 VLAN 划分是根据主机的 MAC 地址来划分的。交换机内部维护一张 VLAN 映射表，这个 VLAN 表记录 MAC 地址和 VLAN 的对应关系。初始配置时，所有用户的 MAC 地址都需要收集，并逐个配置，工作量较大，但是其优点是当用户位置发生变化时，VLAN 不用重新配置。

（3）基于协议的 VLAN 划分

基于协议的 VLAN 划分是根据端口接收到数据帧中所封装的协议类型（IP、IPX）来确定报文所属 VLAN 的，它将网络中提供的协议类型与 VLAN 进行绑定。目前网络中绝大多数主机都运行 IP 协议，运行其他协议的主机很少，因此这个方式在实际中应用较少。

（4）基于子网的 VLAN 划分

基于子网的 VLAN 划分是根据报文源 IP 地址及子网掩码作为依据来确定 VLAN 归属的，它将指定网段或 IP 地址发出的数据在指定的 VLAN 中传送。此划分方法需要检查每一个数据包的网络层地址，耗费交换机资源，但是其优点是当用户位置发生变化时，VLAN 不用重新配置。

（三）VLAN 的工作原理

以太网交换机内部有一个 MAC 地址表，此表记录了交换机端口号和主机 MAC 地址的对应关系，交换机根据此表来转发数据帧。当交换机从端口接收到以太网帧后，通过查找 MAC 地址表来决定从哪一个端口转发出去。如果端口收到的是广播帧，则交换机把广播帧从除源端口外的其他所有端口转发出去。

在 VLAN 技术中，给标准以太网帧附加一个标签（Tag），此标签用来标记以太网帧归属哪个 VLAN。交换机在转发数据帧时，不仅要查找 MAC 地址来决定转发到哪个端口，还要检查此端口的 VLAN 标签与以太网帧中的标签是否一致。如果一致，说明入端口和出端口的 VLAN 归属相同，则转发数据帧；如果不一致，则直接将数据帧丢弃，不会从出端口转发出去。

为了保证不同厂家生产的设备能够顺利互通，802.1Q 标准严格规定了统一的 VLAN 帧格式及其他重要参数。标准的 VLAN 帧格式在传统的以太网帧中添加了 4 字节的 802.1Q 标签，如图 4-5 所示。

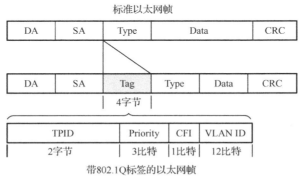

图 4-5 VLAN 帧格式

其中，VLAN ID（VLAN Identifier）即 VLAN 的编号，编号范围为 1～4094。

（四）单交换机 VLAN 标签的操作

交换机根据数据帧中的标签来判定是否转发该数据帧，VLAN 标签的管理都是在交换机上完成的，标签的添加在数据帧进入交换机时进行，标签的剥离在数据帧离开交换机时进行。

图 4-6 中展示出了标签的添加与剥离过程。终端主机发出的以太网帧是标准以太网帧，不携带 VLAN 标签。当标准以太网帧到达交换机入端口时，交换机根据端口的 VLAN 归属情况给进入端口的帧附加上标签，标签中 VLAN ID 为端口所属 VLAN 的 ID；当携带 VLAN 标签的以太网帧到达交换机出端口时，交换机将数据帧中的 VLAN 标签进行剥离。到达目的主机的数据帧仍然是标准以太网帧，不携带 VLAN 标签。

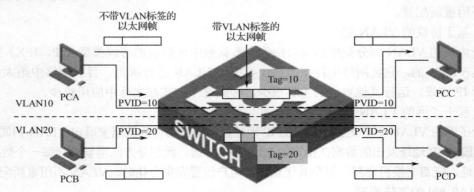

图 4-6　标签的添加与剥离

Access 端口是指只允许一个 VLAN 的以太网帧通过的端口，一般用来连接终端主机。在单交换机 VLAN 环境中，所有的端口都是 Access 端口。Access 端口在收到以太网帧后打上 VLAN 标签，转发出端口时剥离 VLAN 标签。

（五）VLAN 的基本配置

● 创建 VLAN 或进入 VLAN 视图

[H3C]vlan *vlan-id*

VLAN 的编号范围为 1～4094，默认情况下，交换机只有 VLAN1，且所有端口均归属 VLAN1。

● 将指定端口加入到当前 VLAN 中

[H3C-vlan10]port *interface-type interface-number* [*interface-type interface-number*] [**to** *interface-type interface-number*]

可以加入一个或几个非连续端口，也可以加入几个连续端口。

● 查看 VLAN 信息

<H3C>display vlan [*vlan-id*]

可在任意视图下查看 VLAN 信息，此处以用户视图为例。Vlan-id 是要查看的 VLAN 编号，如果没有输入，则查看交换机所有的 VLAN 信息。

任务 2　配置 Trunk 链路端口

➡ 任务描述

学校内部有财务部、教务部等多个部门，这两个部门人员都比较多，且分布在不同楼层。

在校园网的规划中，为了减小广播域的范围，在组建局域网时，网络管理员需要按照部门对局域网进行分割管理，实现各部门内部主机可以跨交换机通信。

任务分析

本任务通过在交换机上划分多个 VLAN，实现每个部门的主机在一个相同的 VLAN 内。具体规划为：财务部两台主机 PCA 和 PCC 连接在不同的交换机上，都归属 VLAN 1；教务部两台主机 PCB 和 PCD 也连接在不同的交换机上，都归属 VLAN 2。由于 SWA 和 SWB 之间的链路需要传递多个 VLAN 的数据，所以互连端口应配置成 Trunk 端口，来使同一个 VLAN 中的 PC 能够跨交换机访问，其网络拓扑图如图 4-7 所示。

图 4-7 跨交换机 VLAN 划分的网络拓扑图

任务实施

实验视频

步骤一：完成物理连接及基本配置

按照图 4-7 进行网络连接，主机 IP 地址参考表 4-1 进行配置。

步骤二：进入系统视图并改名

配置 SWA：

```
<H3C>system-view
System View: return to User View with Ctrl+Z.
[H3C]sysname SWA
```

配置 SWB：

```
<H3C>system-view
System View: return to User View with Ctrl+Z.
[H3C]sysname SWB
```

步骤三：创建 VLAN 并添加端口

由于交换机出厂时都有一个默认的 VLAN1，且所有端口均属于 VLAN 1。根据分析，PCA 和 PCC 属于 VLAN 1，因此不需要调整 VLAN 的归属；PCB 和 PCD 属于 VLAN 2，则需要配置。

配置 SWA：

```
[SWA]vlan 2
[SWA-vlan2]port GigabitEthernet 1/0/2
[SWA-vlan2]quit
```

配置 SWB：

```
[SWB]vlan 2
[SWB-vlan2]port GigabitEthernet 1/0/2
[SWB-vlan2]quit
```

在交换机上查看 VLAN 的信息，此处以 SWA 为例：

```
[SWA]display vlan
Total VLANs: 2
The VLANs include:
1(default), 2

[SWA]display vlan 1
VLAN ID: 1
VLAN type: Static
Route interface: Not configured
Description: VLAN 0001
Name: VLAN 0001
Tagged ports:    None
Untagged ports:
    FortyGigE1/0/53            FortyGigE1/0/54
    GigabitEthernet1/0/1       GigabitEthernet1/0/3
    GigabitEthernet1/0/4       GigabitEthernet1/0/5
    GigabitEthernet1/0/6       GigabitEthernet1/0/7
    GigabitEthernet1/0/8       GigabitEthernet1/0/9
    GigabitEthernet1/0/10      GigabitEthernet1/0/11
    GigabitEthernet1/0/12      GigabitEthernet1/0/13
    GigabitEthernet1/0/14      GigabitEthernet1/0/15
    GigabitEthernet1/0/16      GigabitEthernet1/0/17
    GigabitEthernet1/0/18      GigabitEthernet1/0/19
    GigabitEthernet1/0/20      GigabitEthernet1/0/21
    GigabitEthernet1/0/22      GigabitEthernet1/0/23
    GigabitEthernet1/0/24      GigabitEthernet1/0/25
    GigabitEthernet1/0/26      GigabitEthernet1/0/27
    GigabitEthernet1/0/28      GigabitEthernet1/0/29
    GigabitEthernet1/0/30      GigabitEthernet1/0/31
    GigabitEthernet1/0/32      GigabitEthernet1/0/33
    GigabitEthernet1/0/34      GigabitEthernet1/0/35
    GigabitEthernet1/0/36      GigabitEthernet1/0/37
    GigabitEthernet1/0/38      GigabitEthernet1/0/39
    GigabitEthernet1/0/40      GigabitEthernet1/0/41
    GigabitEthernet1/0/42      GigabitEthernet1/0/43
    GigabitEthernet1/0/44      GigabitEthernet1/0/45
    GigabitEthernet1/0/46      GigabitEthernet1/0/47
    GigabitEthernet1/0/48
    Ten-GigabitEthernet1/0/49
    Ten-GigabitEthernet1/0/50
    Ten-GigabitEthernet1/0/51
    Ten-GigabitEthernet1/0/52
```

```
[SWA]display vlan 2
 VLAN ID: 2
 VLAN type: Static
 Route interface: Not configured
 Description: VLAN 0002
 Name: VLAN 0002
 Tagged ports:    None
 Untagged ports:
    GigabitEthernet1/0/2
```

可以看出端口已划分完毕。

步骤四：跨交换机 VLAN 互通测试

在 PCA 上用 ping 命令来测试与 PCC 能否互通，结果如图 4-8 所示。

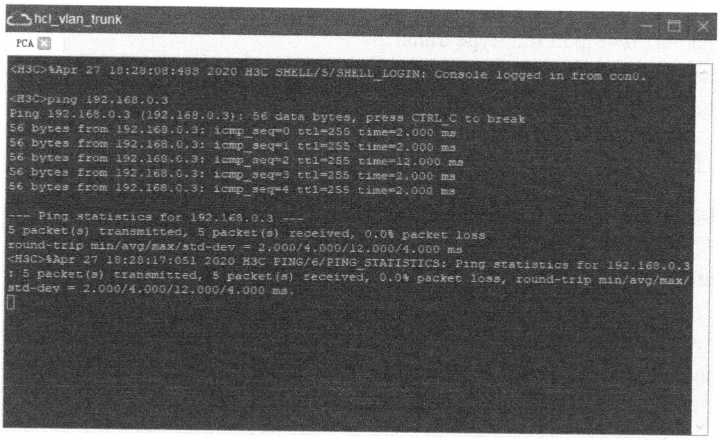

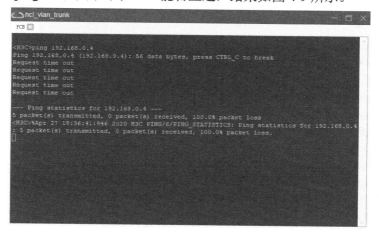

图 4-8　PCA ping PCC 的结果

PCA 与 PCC 之间能够互通。因为两台交换机的端口 GigabitEthernet1/0/1 和 GigabitEthernet1/0/48 都是 Access 端口，且默认都属于 VLAN 1，故数据帧能够通过。

在 PCB 上用 ping 命令来测试与 PCD 能否互通，结果如图 4-9 所示。

图 4-9　PCB ping PCD 的结果

PCB 与 PCD 之间不能互通。因为交换机的端口 GigabitEthernet1/0/2 属于 VLAN 2，而

GigabitEthernet1/0/48 默认属于 VLAN 1，VLAN 的归属不同，故数据帧被丢弃。

要想让 VLAN 2 数据帧通过端口 GigabitEthernet1/0/48，需要将端口设置为 Trunk 端口。

步骤五：配置 Trunk 链路端口

在 SWA 和 SWB 上配置端口 GigabitEthernet1/0/48 为 Trunk 端口。

配置 SWA：

```
[SWA]interface GigabitEthernet 1/0/48
[SWA-GigabitEthernet1/0/48]port link-type trunk
[SWA-GigabitEthernet1/0/48]port trunk permit vlan all
[SWA-GigabitEthernet1/0/48]quit
```

配置 SWB：

```
[SWB]interface GigabitEthernet 1/0/48
[SWB-GigabitEthernet1/0/48]port link-type trunk
[SWB-GigabitEthernet1/0/48]port trunk permit vlan all
[SWB-GigabitEthernet1/0/48]quit
```

配置完成后，查看 SWA 上 VLAN 2 的信息：

```
[SWA]display vlan 2
 VLAN ID: 2
 VLAN type: Static
 Route interface: Not configured
 Description: VLAN 0002
 Name: VLAN 0002
 Tagged ports:
     GigabitEthernet1/0/48
 Untagged ports:
     GigabitEthernet1/0/2
```

可以看到，VLAN 2 中包含了端口 GigabitEthernet 1/0/48，且数据帧是以带有标签（Tagged）的形式通过端口的。

再查看端口 GigabitEthernet1/0/48 的信息：

```
[SWA]display interface GigabitEthernet 1/0/48
GigabitEthernet1/0/48
Current state: UP
Line protocol state: UP
IP packet frame type: Ethernet II, hardware address: a84a-3d85-0100
Description: GigabitEthernet1/0/48 Interface
Bandwidth: 1000000 kbps
Loopback is not set
1000Mbps-speed mode, full-duplex mode
Link speed type is autonegotiation, link duplex type is autonegotiation
Flow-control is not enabled
Maximum frame length: 9216
Allow jumbo frames to pass
Broadcast max-ratio: 100%
```

Multicast max-ratio: 100%
Unicast max-ratio: 100%
PVID: 1
MDI type: Automdix
Port link-type: Trunk
 VLAN Passing: 1(default vlan), 2
 VLAN permitted: 1(default vlan), 2-4094
 Trunk port encapsulation: IEEE 802.1q
Port priority: 2
Last link flapping: 0 hours 18 minutes 28 seconds
---- More ----

从以上信息可知，端口的 PVID 值为 1，端口类型为 Trunk，允许所有的 VLAN（1~4094）通过，但实际上 VLAN 1 和 VLAN 2 是能够通过此端口的(因为交换机上仅有 VLAN 1 和 VLAN 2)。SWB 上 VLAN 和端口 GigabitEthernet 1/0/48 的信息与此类似，不再赘述。

步骤六：跨交换机 VLAN 互通测试

在 PCB 上用 ping 命令来测试与 PCD 能否互通，如图 4-10 所示。

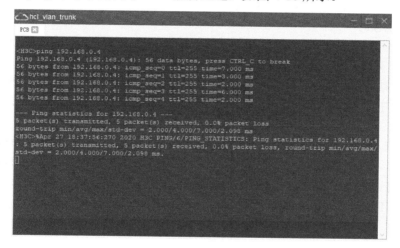

图 4-10　PCB ping PCD 的结果

结果是可以互通的，说明 Trunk 端口配置已生效，允许多个 VLAN 数据帧通过，跨交换机同一 VLAN 间能够互通。

相关知识

（一）Trunk 端口的工作原理

前面已经介绍过，VLAN 技术很重要的一个优点就是可以灵活组建工作组，简化网络管理和维护。在网络工程中，经常需要进行多个 VLAN 的划分，在实际的工作场景中，同一个 VLAN 的用户经常连接在不同交换机下。前述默认情况下交换机只有一个 VLAN，即 VLAN 1，而且所有端口都是 Access 端口，均归属于 VLAN 1。在跨交换机的场景下，由于需要在交换机之间传递多个 VLAN 的数据，而 Access 端口显然无法实现这个功能，于是能够承载多个 VLAN 数据的 Trunk 端口应运而生。

Trunk 端口是交换机上用来和其他交换机连接的端口，允许多个 VLAN 的数据帧带标签通过，一般用在干道链路上与其他交换机相连。在跨交换机 VLAN 环境中，连接终端主机的端口都是 Access 端口，只允许一个 VLAN 的数据帧通过；连接对端交换机的端口一般为 Trunk 端口，可以允许多个 VLAN 的数据帧通过，由于 Trunk 链路承载多个 VLAN 的数据，所以在交换机之间传递数据帧时需要携带 VLAN 标签，否则数据帧所属 VLAN 信息会丢失。

Trunk 端口需要携带 VLAN 标签通过，但也有一个例外，即默认 VLAN（PVID）帧，只有这一个 VLAN 的数据帧需要脱掉标签在 Trunk 链路上进行传递。由于仅有默认 VLAN 的数据帧在 Trunk 链路上传输时不带标签，所以当交换机收到不带标签的数据帧时，将为它打上默认 VLAN 的标签。

在 Trunk 端口收发数据帧时，对 VLAN 标签的处理规则如下。

1）发送数据帧时

（1）如果数据帧携带的 VLAN 标签不在允许通过的 VLAN 列表中，则丢弃此数据帧。

（2）如果数据帧携带的 VLAN 标签在允许通过的 VLAN 列表中，则检查数据帧 VLAN 标签与端口默认 VLAN 标签（PVID）是否一致。如果一致，则剥掉 VLAN 标签进行转发；如果不一致，则让数据帧带着 VLAN 标签通过。

2）接收数据帧时

（1）如果数据帧未携带 VLAN 标签，则打上默认 VLAN 标签（PVID），如果 PVID 在允许通过的 VLAN 列表中，则接收该数据帧，否则将其丢弃。

（2）如果数据帧携带 VLAN 标签，则检查数据帧 VLAN 标签是否在允许通过的 VLAN 列表中。如果在其中，则接收该数据帧并让其带着 VLAN 标签通过；如果不在其中，则丢弃此数据帧。

跨交换机 VLAN 标签的操作如图 4-11 所示，在图 4-11 中，PCA 和 PCB 所发出的数据帧是不携带 VLAN 标签的标准以太网数据帧，当数据帧到达 SWA 后，SWA 根据数据帧入端口的 VLAN 归属将这些数据帧分别打上 VLAN 10 和 VLAN 20 的标签。SWA 的端口 GE 1/0/48 负责对这些带 VLAN 标签的数据进行转发，并根据其 PVID 的值决定是否对其中的标签进行剥离。

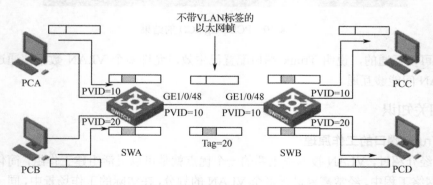

图 4-11　跨交换机 VLAN 标签的操作

（二）Trunk 端口的配置

● 配置端口的链路类型为 Trunk 类型

[H3C-GigabitEthernet1/0/1]port link-type trunk

● 允许指定的 VLAN 通过当前 Trunk 端口

[H3C-GigabitEthernet1/0/1]port trunk permit vlan {*vlan-id-list*|all}

端口要允许多个 VLAN 的数据通过，除将其设置为 Trunk 类型端口外，还要指定允许哪些 VLAN 的数据通过。vlan-id-list 为此 Trunk 端口允许通过的 VLAN 编号列表，多个 VLAN 编号之间用空格隔开。All 为允许所有 VLAN 的数据帧通过。

● 设置 Trunk 端口的默认 VLAN

[H3C-GigabitEthernet1/0/1]port trunk pvid vlan *vlan-id*

一条链路的两端端口默认 VLAN ID 要保持一致。

任务 3　配置 Hybrid 链路端口

➡ 任务描述

任务 1 和任务 2 实现了不同部门之间终端主机的隔离，根据管理上的要求，网络管理员所在的 IT 部门能够实现对所有部门主机的访问，但各部门之间依然不能互通。

➡ 任务分析

本任务是在交换机上配置 Hybrid 链路端口，以使不同 VLAN 之间的终端隔离后，还可以和另一个 VLAN 通信。具体规划为：组织部主机 PCA 和宣传部主机 PCB 连接在同一个交换机上，但分属不同 VLAN，它们之间不能通信，但需要与归属另一 VLAN 的 IT 部门的主机 PCC 进行通信。为实现这一功能，可以通过配置交换机端口为 Hybrid 来实现。其网络拓扑图如图 4-12 所示。

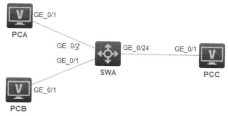

图 4-12　配置 Hybrid 端口网络拓扑图

➡ 任务实施

步骤一：建立物理连接
按照图 4-12 进行连接。
步骤二：进入系统视图并改名
配置 SWA：

```
<H3C>system-view
System View: return to User View with Ctrl+Z.
[H3C]sysname SWA
```

步骤三：配置 VLAN 并添加端口
配置 SWA：

```
[SWA]vlan 10
[SWA-vlan10]vlan 20
[SWA-vlan20]vlan 30
```

```
[SWA]interface GigabitEthernet 1/0/1
[SWA-GigabitEthernet1/0/1]port link-type hybrid
[SWA-GigabitEthernet1/0/1]port hybrid vlan 10 30 untagged
[SWA-GigabitEthernet1/0/1]port hybrid pvid vlan 10
[SWA-GigabitEthernet1/0/1]quit
[SWA]interface GigabitEthernet 1/0/2
[SWA-GigabitEthernet1/0/2]port link-type hybrid
[SWA-GigabitEthernet1/0/2]port hybrid vlan 20 30 untagged
[SWA-GigabitEthernet1/0/2]port hybrid pvid vlan 20
[SWA-GigabitEthernet1/0/2]quit
[SWA]interface GigabitEthernet 1/0/24
[SWA-GigabitEthernet1/0/24]port link-type hybrid
[SWA-GigabitEthernet1/0/24]port hybrid vlan 10 20 30 untagged
[SWA-GigabitEthernet1/0/24]port hybrid pvid vlan 30
[SWA-GigabitEthernet1/0/24]quit
```

步骤四：测试 VLAN 间的隔离及互通

在 PC 上配置 IP 地址，通过 ping 命令来测试 PC 间的互通情况。IP 地址列表如表 4-2 所示。

表 4-2　IP 地址列表

设 备 名 称	IP 地址	网　　关
PCA	192.168.0.1/24	—
PCB	192.168.0.2/24	—
PCC	192.168.0.3/24	—

按表 4-2 所示在 PC 上配置 IP 地址。

配置完成后，用 ping 命令来测试 PC 间的互通性。以 PCA 为例进行测试，结果如图 4-13 和图 4-14 所示。

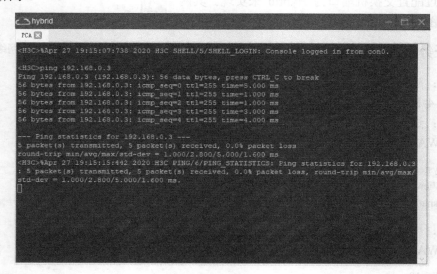

图 4-13　PCA ping PCC 的结果

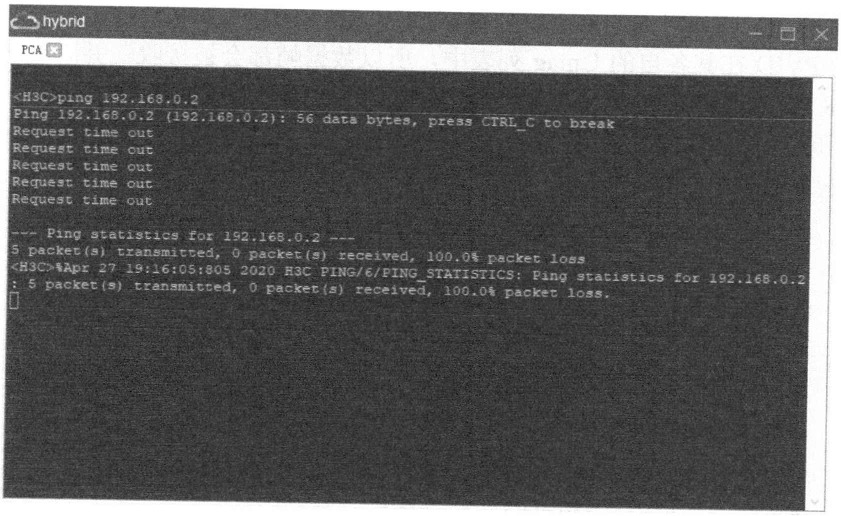

图 4-14 PCA ping PCB 的结果

PCB 可以做同步测试，因此实现了 PCA 与 PCB 不能互通，而 PCA 和 PCB 能够与 PCC 互通。

相关知识

（一）Hybrid 端口的工作原理

当网络中大部分主机之间需要隔离，而这些隔离的主机又需要与另一台主机互通时，Access 端口和 Trunk 端口就无法实现了，故出现了功能用法上更加综合的 Hybrid 端口。Hybrid 端口可以接收和发送多个 VLAN 的数据帧，同时还能够指定对任何 VLAN 帧进行剥离标签的操作。它既可以连接终端主机，又可以连接其他交换机。

每一个 Hybrid 端口都设置有 Tag 和 Untag 列表，VLAN 标签在 Tag 或 Untag 列表的数据帧都可以通过，两个列表中都没有的数据帧被丢弃。在数据帧通过时，如果匹配 Tag 列表，则将数据帧打上 VLAN 标签；如果匹配 Untag 列表，则将数据帧上的 VLAN 标签剥离。

Hybrid 端口收发数据帧时对 VLAN 标签的处理规则如下。

1）接收数据帧时

（1）如果数据帧未携带 VLAN 标签，则打上默认 VLAN 标签（PVID），如果 PVID 在 Tag 或 Untag 列表中，则接收该数据帧，否则将其丢弃。

（2）如果数据帧携带 VLAN 标签，则检查数据帧 VLAN 标签是否在 Tag 或 Untag 列表中。如果在其中，则接收该数据帧并让其带着 VLAN 标签通过；如果不在其中，则丢弃此数据帧。

2）发送数据帧时

（1）如果数据帧携带的 VLAN 标签不在 Tag 或 Untag 列表中，则丢弃此数据帧。

（2）如果数据帧携带的 VLAN 标签在 Tag 列表中，则发送时带着 VLAN 标签；如果数据帧携带的 VLAN 标签在 Untag 列表中，则发送时剥掉 VLAN 标签。

Hybrid 链路类型端口如图 4-15 所示。在图 4-15 中，PCA 和 PCB 要与 PCC 通信，各自发出的数据帧是不携带 VLAN 标签的标准以太网数据帧。当数据帧到达 SWA 后，SWA 根据数据帧入端口的 VLAN 归属将这些数据帧分别打上 VLAN 10 和 VLAN 20 的标签。因端口 GE1/0/1 和 GE1/0/2 的 PVID 在其各自的 Untag 列表中，所以数据帧都会被接收，并查看 MAC 地址表发往 GE1/0/48 端口。当携带 VLAN 标签的数据帧到达 SWA 的 GE1/0/48 端口时，因携带的标签 VLAN 10 和 VLAN 20 都在此端口的 Untag 列表中，故允许通过，但根据 Untag 属性，需要将其标签剥离后转发。因此，PCA 和 PCB 是可以与 PCC 通信的。

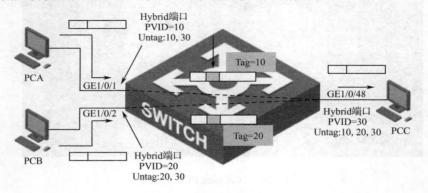

图 4-15　Hybrid 链路类型端口

　　当 PCA 与 PCB 通信时，因为 PCA 发出的不携带 VLAN 标签的以太网帧到达 GE1/0/1 端口时，打上 VLAN 10 的标签并接收，当携带 VLAN 标签的数据帧到达 SWA 的 GE1/0/2 端口时，因携带的标签 VLAN 10 不在此端口的 Untag 列表中，故将其丢弃。因此，PCA 和 PCB 是不可以通信的。

　　Hybrid 端口和 Trunk 端口的相同之处就是都允许多个 VLAN 的数据帧通过，不同之处在于 Hybrid 端口允许多个 VLAN 的以太网帧不带标签，而 Trunk 端口只允许默认 VLAN 的以太网帧不带标签。

（二）Hybrid 端口的配置

● 配置端口的链路类型为 Hybrid 类型

[H3C-GigabitEthernet1/0/1]port link-type hybrid

● 允许指定的 VLAN 通过当前 Hybrid 端口

[H3C-GigabitEthernet1/0/1]port hybrid vlan *vlan-id-list* **{tagged|untagged}**

● 设置 Hybrid 端口的默认 VLAN

[H3C-GigabitEthernet1/0/1]port hybrid pvid vlan *vlan-id*

小　结

● VLAN 的作用是限制局域网中广播数据帧传送的范围。

● 通过对以太网帧进行打标签的操作，交换机区分不同 VLAN 的数据帧。

● 交换机的端口链路类型分为 Access、Trunk 和 Hybrid。

巩固与提高

学校实验楼有多个实验室，每个实验室内部部署一台接入交换机，同一楼层实验室再通过一台交换机进行汇聚，当两个实验室中主机进行通信时，就需要进行跨交换机的 VLAN 划分。图 4-16 所示网络拓扑图模拟了此部署方式，其中，三台交换机均为二层交换机，PCA 和 PCC 归属 VLAN 10，PCB 和 PCD 归属 VLAN 20。请实现跨交换机同一 VLAN 下终端主机的通信，具体 IP 地址规划如表 4-3 所示。

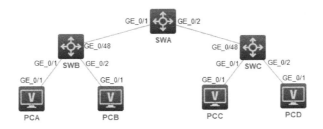

图 4-16 网络拓扑图

表 4-3 IP 地址规划表

设 备 名 称	IP 地址	网 关
PCA	172.16.0.1/24	—
PCB	172.16.0.2/24	—
PCC	172.16.0.3/24	—
PCD	172.16.0.4/24	—

项目 5

交换机冗余配置

<<<<<<

知识目标

- 了解 STP 的基本工作原理；
- 掌握 STP 的基本配置方法；
- 了解链路聚合的基本工作原理；
- 掌握静态链路聚合的基本配置方法。

能力目标

- 会进行 STP 的基本配置；
- 会进行链路聚合的配置。

学习目标

随着局域网规模的不断扩大，主机之间互连的交换机数量越来越多。在保证连通性的基础上，要求网络具有高可靠性，这就需要在网络中建立冗余链路来实现备份，冗余链路虽然增强了网络的可靠性，但也产生了环路，导致通信质量下降甚至出现业务中断等问题。在网络规模扩大的同时，对骨干链路的带宽和可靠性也提出了更高的要求。为了充分利用网络中的冗余链路，以达到最大限度地利用网络带宽和网络投资利用最大化的目的，需要更加高效地配置冗余链路。

任务1 配置生成树

任务描述

学校教务部和科研部分别通过两台交换机接入校园网络，这两个部门平时经常有业务往来，需要保持两部门的网络畅通。作为网络管理员，为了提高网络的可靠性，需要在两台交换机之间部署两条线路，使得既有网络链路的备份，又能够避免环路。

任务分析

针对本任务，可以在两台交换机上都启用生成树协议，两条链路中的一条作为主用链路，另一条作为备用链路。当主用链路出现故障时，通过生成树协议启动备用链路，保证网络的畅通。网络拓扑图如图5-1所示。

图5-1 配置生成树网络拓扑图

任务实施

步骤一：建立物理连接

按照图5-1进行连接，并按照表5-1进行主机IP地址配置。

实验视频　　实验视频

表5-1 IP地址列表

设 备 名 称	IP 地 址	网　关
PCA	192.168.0.1/24	—
PCB	192.168.0.2/24	—

步骤二：进入系统视图并改名

配置 SWA：

```
<H3C>system-view
System View: return to User View with Ctrl+Z.
[H3C]sysname SWA
```

配置 SWB：

```
<H3C>system-view
System View: return to User View with Ctrl+Z.
[H3C]sysname SWB
```

步骤三：查看 STP 信息

分别在 SWA 和 SWB 上查看 STP 信息。正确信息如下所示：

```
[SWA]display stp
-------[CIST Global Info][Mode MSTP]-------
 Bridge ID           : 0.1eb2-8b1b-0100
 Bridge times        : Hello 2s MaxAge 20s FwdDelay 15s MaxHops 20
```

```
Root ID/ERPC          : 0.1eb2-8b1b-0100, 0
RegRoot ID/IRPC       : 0.1eb2-8b1b-0100, 0
……
[SWA] display stp brief
MST ID    Port                          Role   STP State    Protection
0         GigabitEthernet1/0/1          DESI   FORWARDING   NONE
0         GigabitEthernet1/0/47         DESI   FORWARDING   NONE
0         GigabitEthernet1/0/48         DESI   FORWARDING   NONE
```

以上信息表明，SWA 是根桥，其上所有端口是指定端口（DESI），处于转发状态。

```
[SWB]display stp
-------[CIST Global Info][Mode MSTP]-------
 Bridge ID            : 4096.1eb2-93f0-0200
 Bridge times         : Hello 2s MaxAge 20s FwdDelay 15s MaxHops 20
 Root ID/ERPC         : 0.1eb2-8b1b-0100, 20
 RegRoot ID/IRPC      : 4096.1eb2-93f0-0200, 0
……
[SWB]display stp brief
MST ID    Port                          Role   STP State    Protection
0         GigabitEthernet1/0/1          DESI   FORWARDING   NONE
0         GigabitEthernet1/0/47         ROOT   FORWARDING   NONE
0         GigabitEthernet1/0/48         ALTE   DISCARDING   NONE
```

以上信息表明，SWB 是非根桥，端口 G1/0/47 是根端口，处于转发状态，负责在交换机之间转发数据；端口 G1/0/48 是备份根端口，处于阻塞状态；连接 PC 的端口 G1/0/1 是指定端口，处于转发状态。

在未进行任何配置的情况下，就已经有了 STP 相关信息，说明 STP 默认是开启的。可以通过当前配置进行查看：

```
[SWB]display current-configuration
#
 version 7.1.075, Alpha 7571
#
 sysname H3C
#
 irf mac-address persistent timer
 irf auto-update enable
 undo irf link-delay
 irf member 1 priority 1
#
 lldp global enable
#
 system-working-mode standard
 xbar load-single
 password-recovery enable
 lpu-type f-series
#
vlan 1
```

```
#
  stp global enable
#
interface NULL0
#
---- More ----
```

步骤四：调整根桥

配置 SWB：

[SWB]stp priority 0

网桥优先级默认为 32768，此处将 SWB 的网桥优先级更改为 0，则 SWB 的网桥优先级是高于 SWA 的，于是 SWB 将成为根桥。查看 SWB 的 STP 信息，如下：

```
[SWB]display stp
-------[CIST Global Info][Mode MSTP]-------
  Bridge ID              : 0.ac18-907b-0200
  Bridge times           : Hello 2s MaxAge 20s FwdDelay 15s MaxHops 20
  Root ID/ERPC           : 0.ac18-907b-0200, 0
  RegRoot ID/IRPC        : 0.ac18-907b-0200, 0
  RootPort ID            : 0.0
  BPDU-Protection        : Disabled
  Bridge Config-
  Digest-Snooping        : Disabled
  TC or TCN received     : 8
  Time since last TC     : 0 days 0h:0m:10s
......
---- More ----
```

步骤五：查看端口状态迁移

将 SWA 上端口 GE1/0/1 的电缆断开再重新连接（或者将此端口 shutdown 然后再 undo shutdown），完成后快速回到 SWA 上查看端口 GE1/0/1 的状态。注意：每隔几秒钟执行命令查看一次，以便您能准确地看到端口状态的迁移过程。例如：

```
[SWA]display stp brief
MST ID   Port                     Role    STP State    Protection
0        GigabitEthernet1/0/1     DESI    DISCARDING   NONE
0        GigabitEthernet1/0/47    ROOT    FORWARDING   NONE
0        GigabitEthernet1/0/48    ALTE    DISCARDING   NONE
[SWA]display stp brief
MST ID   Port                     Role    STP State    Protection
0        GigabitEthernet1/0/1     DESI    LEARNING     NONE
0        GigabitEthernet1/0/47    ROOT    FORWARDING   NONE
0        GigabitEthernet1/0/48    ALTE    DISCARDING   NONE
[SWA]display stp brief
MST ID   Port                     Role    STP State    Protection
0        GigabitEthernet1/0/1     DESI    FORWARDING   NONE
0        GigabitEthernet1/0/47    ROOT    FORWARDING   NONE
0        GigabitEthernet1/0/48    ALTE    DISCARDING   NONE
```

可知，GE1/0/1 端口从 DISCARDING 状态先迁移到 LEARNING 状态，最后到 FORWARDING 状态。为什么只有 DISCARDING、LEARNING 和 FORWARDING 这 3 种状态？因为 H3C 交换机默认开启 MSTP，MSTP 只有这 3 种状态。

步骤六：验证 STP 冗余特性

STP 不但能够阻断冗余链路，而且能够在主用链路出现故障时，通过激活被阻断的冗余链路而恢复网络的连通。

在 PCA 上执行命令"ping -t 192.168.0.2"，以使 PCA 向 PCB 不间断地发送 ICMP 报文，如图 5-2 所示。

图 5-2　PCA 不间断 ping PCB 结果

在 SWA 上查看 STP 端口状态，确定交换机间哪一个端口（本例中是 GE1/0/47）处于转发状态。手动关闭 SWA 上处于转发状态的冗余链路端口 GE1/0/47，人为模拟制造故障。

```
[SWA]interface GigabitEthernet 1/0/47
[SWA-GigabitEthernet1/0/47]shutdown
[SWA-GigabitEthernet1/0/47]quit
```

再次在 SWA 上查看 STP 端口状态，看端口状态是否有变化。如下所示：

```
[SWA]display stp brief
MST ID    Port                       Role   STP State    Protection
0         GigabitEthernet1/0/1       DESI   FORWARDING   NONE
0         GigabitEthernet1/0/48      ROOT   FORWARDING   NONE
```

由上可以看到，原来处于阻塞状态的端口 GE1/0/48 迁移到了转发状态。

无报文丢失说明目前 STP 的收敛速度很快。在默认情况下，交换机运行 MSTP，SWB 上的两个端口中有一个是根端口，另外一个是备份根端口。当原根端口断开时，备份根端口便快速切换到转发状态。其实，这就是 RSTP/MSTP 相对于 STP 的改进之一。

相关知识

（一）STP 产生背景

（1）广播风暴。在交换网络中，如果一台主机向网络中发送一个广播数据包，则交换机对

讲课视频

广播数据包的处理方式是将这个广播包转发到除接收端口之外的其他所有端口。如果网络中存在环路，则交换机从一个端口向外发送的广播包又从另一个端口收到，导致网络中的广播包越来越多，占用了网络带宽，消耗了主机资源，严重影响了正常的网络通信，直至交换机超负荷运转死机，通常将这种现象称为广播风暴。

（2）多帧复制。根据交换机的基本工作原理，交换机刚刚启动时，MAC 地址表中是空的，当一台主机向同一网络中的另一台主机发送一个单播帧时，交换机会将这个帧泛洪到除接收端口之外的其他所有端口。如果网络中存在环路，另一台交换机收到这个帧后，由于 MAC 地址表中也是空的，它也会将这个帧泛洪到除接收端口之外的其他所有端口。这样，目的主机先后收到多个同样帧，造成了帧的重复接收，占用了网络带宽，消耗了主机资源。

（3）MAC 地址表不稳定。正如多帧复制所述，在存在环路的交换网络中，同样一个数据帧可能从交换机不同的端口收到，因而 MAC 地址表中发出此数据帧的主机 MAC 地址与端口的映射关系也在发生变化，而且此过程非常频繁，造成 MAC 地址表不稳定，同时也消耗了主机资源。

如何才能使网络中既存在环路，同时又不造成以上影响，生成树协议应运而生。

（二）STP 概述

STP（Spanning Tree Protocol，生成树协议）是在一个有环路的物理交换网络中生成一棵逻辑上无环路的树的协议。启用该协议的交换机之间会互相交互信息，并使用生成树算法，将存在环路网络上的一部分端口阻塞，另一部分端口转发数据，生成一个稳定的、无环路的树形网络。一旦主用链路发生故障，生成树协议能够立即激活被阻塞的备用端口，重新调整网络拓扑，生成一个新的树，保障业务的不间断服务。

为了实现生成树的功能，运行 STP 的交换机之间会互相发送 BPDU（Bridge Protocol Data Unit，桥协议数据单元），BPDU 中包含了诸如 Root ID、Root Path Cost、Port ID 等足够的信息来完成生成树的计算。

为了更好地理解生成树协议的工作原理，需要深刻认识如下几个专业术语。

1. 网桥 ID

网桥 ID（Bridge ID）由网桥优先级和网桥 MAC 地址组成。网桥优先级共 16 位，如图 5-3 所示。低 12 位均为 0，用于拓展的 SystemID；可配置的只有高 4 位，故网桥优先级均为 4096 的倍数。网桥优先级数值越小，优先级越高。

2. 端口 ID

端口 ID（Port ID）由端口优先级和端口编号组成。端口优先级共 8 位，如图 5-4 所示。低 4 位被用作端口号，可配置的只有高 4 位，故端口优先级均为 16 的倍数。端口优先级数值越小，优先级越高。

网桥优先级	网桥MAC地址
2 Byte	6 Byte

图 5-3 网桥 ID

端口优先级	端口编号
1Byte	1Byte

图 5-4 端口 ID

3. 根路径开销

根路径开销（Root Path Cost）是网桥到根桥的路径开销。如果是根桥，其根路径开销为 0；如果是非根桥，则为到达根桥的最短路径上所有路径开销的和。

4. 根桥和指定桥

根桥（Root Bridge）是指网桥 ID 值最小的网桥。

指定桥（Designated Bridge）是指某一物理段通过该网桥到达根桥的路径开销最少的网桥。

5. 根端口和指定端口

根端口（Root Port）是指非根桥中根路径开销最小的端口；若根路径开销相同，则所连网段指定桥 ID 最小的端口为根端口；在根路径开销、指定桥 ID 都相同的情况下，所连指定端口 ID 小的端口为根端口。指定端口（Designated Port）是根桥或指定桥上连接物理段的端口。每个物理段只能连接一个指定端口。根桥上的所有端口都是指定端口。

（三）STP 工作过程

STP 产生树形拓扑结构共需要 3 步，具体如下。

1. 选举根桥

网络初始化时，网络中所有启用 STP 的设备都认为自己是"根桥"，把自己的网桥 ID 写入 BPDU 里根桥 ID 字段中，然后与其他 STP 设备交换 BPDU。当一台网桥收到其他网桥发来的 BPDU 时，则将其中的根桥 ID 取出，并与自己的桥 ID 对比，将两者中较小者写到自己的 BPDU 中再向外发送。网络中所有 STP 设备都重复这个操作，一段时间后，网络中桥 ID 最小的设备就被选为根桥。网桥的 MAC 地址在网络中是唯一的，所以网络中总能够选举出根桥。根桥会按照一定的时间间隔产生并向外发送配置 BPDU，其他设备对该配置 BPDU 进行转发，从而保证拓扑的稳定。

2. 确定根端口和指定端口

STP 的作用是通过阻断冗余链路将一个有回路的桥接网络修剪成一个无回路的树形拓扑结构。在选举出根桥后，需要进行根端口和指定端口角色的确定。

（1）根桥上所有端口为指定端口。

（2）所有非根桥上：

● 根路径开销最小的端口为根端口；

● 在根路径开销相同时，所连网段指定桥 ID 最小的端口为根端口；

● 在根路径开销相同时，桥 ID 最小的桥被选举为物理段上的指定桥，连接指定桥的端口为指定端口；

● 在根路径开销、指定桥 ID 都相同的情况下，所连指定端口 ID 小的端口为根端口。

3. 阻塞非根端口、非指定端口

当确定了各网桥的根端口和指定端口后，阻塞其他所有非根端口、非指定端口。根端口、指定端口处于转发数据状态，而非根端口、非指定端口禁止转发数据。

至此形成了逻辑上无环路的树形网络拓扑结构。

（四）交换机端口状态

在启用 STP 的网络中，为了使 BPDU 能够在网络中充分传播，避免环路的产生，定义了 5 种端口状态。

（1）Disabled：表示该端口未启用 STP 协议，如果端口物理状态和链路协议状态都是 UP 的，则可以转发任何数据报文。

（2）Blocking：处于此状态的端口不能够转发数据报文，不能进行 MAC 地址学习，不能够发送 BPDU，但是可以接收 BPDU。

（3）Listening：处于此状态的端口不能够转发数据报文，不能进行 MAC 地址学习，但是可以接收和发送 BPDU。

（4）Learning：处于此状态的端口不能够转发数据报文，但能够进行 MAC 地址学习，并可以接收和发送 BPDU。

（5）Forwarding：一旦端口进入该状态，就可以转发任何数据，也能够进行地址学习和 BPDU 的接收和发送。

其中，Listening 和 Learning 是不稳定的中间状态。

在一定条件下，端口状态之间是可以互相迁移的。当拓扑发生变化时，一个端口不再是根端口或指定端口了，就会立刻迁移到 Blocking 状态；当一个端口被选为根端口或指定端口时，就会从 Blocking 状态迁移到 Listening 状态；经历 Forward Delay 时间（默认是 15 秒），迁移到 Learning 状态；再经历一个 Forward Delay 时间，迁移到 Forwarding 状态。STP 交换机端口状态迁移如图 5-5 所示。

图 5-5　STP 交换机端口状态迁移

（五）配置 STP

● 开启设备 STP 特性：

[H3C]stp global enable

● 关闭端口 STP 特性：

[H3C-GigabitEthernet1/0/1]undo stp enable

● 配置 STP 工作模式：

[H3C]stp mode {stp|rstp|pvst|mstp}

● 配置设备优先级：

[H3C]stp [instance *instance-id*] **priority** *priority*

设备优先级为 4096 的倍数，取值范围为 0～61440，默认为 32768。优先级数值越小，优先级越高。

● 配置端口为边缘端口：

[H3C-GigabitEthernet1/0/1] stp edged-port

● 配置端口优先级：

[H3C-GigabitEthernet1/0/1]stp port priority *priority*

端口优先级为 16 的倍数，取值范围为 0～240，默认为 128。优先级数值越小，优先级越高。

任务2　配置链路聚合

🡢 任务描述

学校教务部和科研部分别通过两台交换机接入校园网络，这两个部门平时经常有业务往来，很多数据是跨过交换机进行转发的，因此需要增大两台交换机之间的传输带宽，并实现链路冗余备份。

任务分析

针对本任务，可以在两台交换机之间部署两条物理链路，为了尽可能地增大带宽，将两条物理链路的端口捆绑在一起形成一个逻辑端口，并实现两个物理端口之间业务的负载分担。当其中一条链路出现故障时，所有业务流量转移到另外一条链路上，保证业务的畅通。网络拓扑图参考图 5-1。

任务实施

步骤一：建立物理连接

按照图 5-1 进行连接，并参考表 5-1 进行主机 IP 地址配置。

步骤二：进入系统视图并改名

配置 SWA：

```
<H3C>system-view
System View: return to User View with Ctrl+Z.
[H3C]sysname SWA
```

配置 SWB：

```
<H3C>system-view
System View: return to User View with Ctrl+Z.
[H3C]sysname SWB
```

步骤三：配置静态聚合

链路聚合可以分为静态聚合和动态聚合，本任务是验证静态聚合。首先在系统视图下创建聚合端口，然后把物理端口加入到聚合组中。

配置 SWA：

```
[SWA]interface Bridge-Aggregation 1
[SWA-Bridge-Aggregation1]quit
[SWA]interface GigabitEthernet 1/0/47
[SWA-GigabitEthernet1/0/47]port link-aggregation group 1
[SWA-GigabitEthernet1/0/47]interface GigabitEthernet 1/0/48
[SWA-GigabitEthernet1/0/48]port link-aggregation group 1
[SWA-GigabitEthernet1/0/48]quit
```

配置 SWB：

```
[SWB]interface Bridge-Aggregation 1
[SWB-Bridge-Aggregation1]quit
[SWB]interface GigabitEthernet 1/0/47
[SWB-GigabitEthernet1/0/47]port link-aggregation group 1
[SWB-GigabitEthernet1/0/47]interface GigabitEthernet 1/0/48
[SWB-GigabitEthernet1/0/48]port link-aggregation group 1
[SWB-GigabitEthernet1/0/48]quit
```

实验视频

步骤四：查看聚合组信息

分别在 SWA 和 SWB 上查看所配置的聚合组信息。正确信息如下所示：

[SWA]display link-aggregation summary
Aggregation Interface Type:
BAGG -- Bridge-Aggregation, BLAGG -- Blade-Aggregation, RAGG -- Route-Aggregation, SCH-B --
Schannel-Bundle
Aggregation Mode: S -- Static, D -- Dynamic
Loadsharing Type: Shar -- Loadsharing, NonS -- Non-Loadsharing
Actor System ID: 0x8000, 2020-c63d-0100

AGG Interface	AGG Mode	Partner ID	Selected Ports	Unselected Ports	Individual Ports	Share Type
BAGG1	S	None	2	0	0	Shar

[SWB]display link-aggregation summary
Aggregation Interface Type:
BAGG -- Bridge-Aggregation, BLAGG -- Blade-Aggregation, RAGG -- Route-Aggregation, SCH-B --
Schannel-Bundle
Aggregation Mode: S -- Static, D -- Dynamic
Loadsharing Type: Shar -- Loadsharing, NonS -- Non-Loadsharing
Actor System ID: 0x8000, 2020-cf4f-0200

AGG Interface	AGG Mode	Partner ID	Selected Ports	Unselected Ports	Individual Ports	Share Type
BAGG1	S	None	2	0	0	Shar

以上信息表明，交换机上有一个链路聚合端口，其 ID 是 1，组中包含了两个 Selected 状态端口，并工作在负载分担模式下。

步骤五：链路聚合验证

在 PCA 上执行 ping 命令，以使 PCA 向 PCB 不间断地发送 ICMP 报文，如图 5-6 所示。

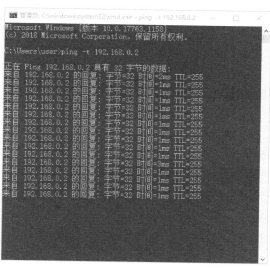

图 5-6　PCA 不间断 ping PCB

将聚合组中任一端口上的电缆断开（或将端口关闭），模拟线路故障，观察 PCA 上发送的 ICMP 报文有无丢失。正常情况下，无报文丢失，说明聚合组中的两个端口之间是互相备份的。当一个端口不能转发数据流时，系统将数据流从另外一个端口发送出去。

➔ **相关知识**

（一）链路聚合简介

链路聚合是把两台设备之间的多条物理链路聚合在一起，当作一条逻辑链路使用，它是以太网交换机实现的一种重要的高可靠性技术。通过链路聚合，多个物理以太网链路聚合在一起，形成一个逻辑的聚合端口组，数据通过聚合端口组进行传输，如图 5-7 所示。

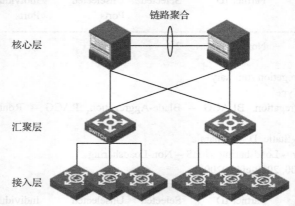

图 5-7　链路聚合示意图

链路聚合具有以下优点：

（1）增加链路带宽

理论上，通过聚合几条链路，一个聚合口的带宽可以扩展为所有成员口带宽的总和，这样就有效地增加了链路的带宽。

（2）提高链路可靠性

聚合组可以实时监控同一聚合组内各个成员口的状态，从而实现成员端口之间的动态备份，如果一个成员接口发生故障，则聚合组会把数据流切换到其他成员链路上，从而实现了链路成员之间的备份，提高了链路的可靠性。

（3）负载分担

链路聚合可以把同一聚合组内的多条物理链路视为一条逻辑链路，把不同的数据流分散到各成员口上，从而实现基于数据流的负载分担。

链路聚合的条件：

（1）加入聚合组中的物理端口的介质类型必须相同；

（2）加入聚合组中的物理端口的传输速率必须相同；

（3）加入聚合组中的物理端口的双工模式必须相同；

（4）加入聚合组中的物理端口的层次必须相同；

（5）加入聚合组中的物理端口必须有相同的 VLAN 归属。

（二）配置链路聚合

● 创建聚合端口：

[[H3C]interface Bridge-Aggregation *number*

● 将物理端口加入到聚合组中

[H3C-GigabitEthernet1/0/1]port link-aggregation group *number*

小　结

● STP 产生的原因是为了消除路径回环的影响；
● STP 通过选举根桥、确定根端口和指定端口、阻塞冗余端口来消除环路；
● 链路聚合可以实现链路备份、增加链路带宽及实现数据的负载均衡；
● 链路聚合按照聚合方式不同可分为静态聚合和动态聚合两种。

巩固与提高

　　学校综合楼有 5 层，每层部署一台接入交换机，负责各办公室 PC 的网络接入。为了提高网络的可靠性，接入交换机采用双链路向上汇聚。由于各部门之间的业务交互频繁，数据流量较大，为了增大两台汇聚交换机之间的传输带宽，在其中部署两条链路，并实现链路的冗余备份。图 5-8 所示的网络拓扑模拟了此部署方式。其中，4 台交换机均为二层交换机。请在交换机上进行适当的配置来实现这一目标，具体 IP 地址规划如表 5-2 所示。

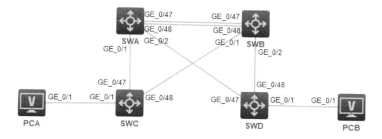

图 5-8　网络拓扑图

表 5-2　IP 地址规划列表

设 备 名 称	IP 地址	网　关
PCA	172.16.0.1/24	—
PCB	172.16.0.2/24	—

项目 **6**

IP 路由基础

知识目标

● 掌握路由的作用；
● 掌握路由转发的基本原理；
● 掌握路由表的构成及含义；
● 掌握直连路由写入路由表的条件。

能力目标

● 会进行路由表的查看；
● 会分析路由表中的路由条目。

学习目标

随着网络技术的快速发展，网络规模越来越大，设备数量也越来越多。为了使不同的局域网之间能够相互连接、相互访问，需要解决的一个重要问题就是数据如何从一个网络经过中间多个网络到达目的网络；而且从源网络到达目的网络路径可能不止一条，如何才能在众多路径中选择最优的路径，这些就是路由技术所要解决的问题。

任务 查看路由表

任务描述

为实现多个局域网主机之间的相互通信，首先需要了解路由的基础信息。

任务分析

本任务主要是通过在路由器上查看路由表，观察路由表中的路由项。为了更加方便地观察路由表以及直连路由（Direct）的情况，我们将两台路由器通过 GE 口相互连接，并通过为端口和主机配置 IP 地址，观察路由表的变化。IP 路由基础网络拓扑图如图 6-1 所示。

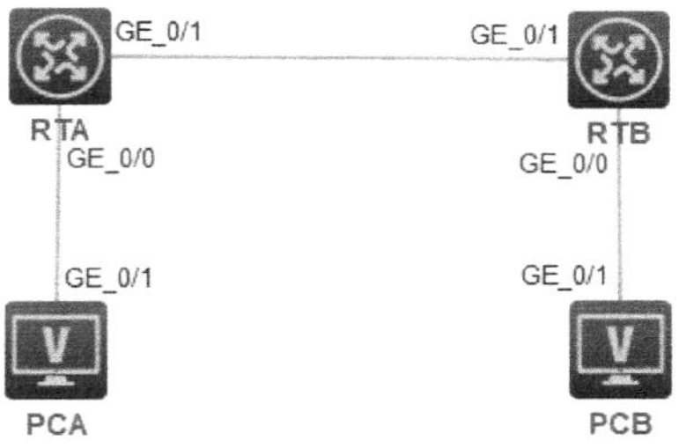

图 6-1 IP 路由基础网络拓扑图

实验视频

任务实施

步骤一：建立物理连接

按照图 6-1 进行连接。

步骤二：进入系统视图并改名

配置 RTA：

```
<H3C>system-view
System View: return to User View with Ctrl+Z.
[H3C]sysname RTA
```

配置 RTB：

```
<H3C>system-view
System View: return to User View with Ctrl+Z.
[H3C]sysname RTB
```

步骤三：在路由器上查看路由表

首先，在路由器上查看路由表，如下所示：

```
[RTA]display ip routing-table

Destinations : 8          Routes : 8

Destination/Mask      Proto    Pre Cost       NextHop        Interface
0.0.0.0/32            Direct   0   0          127.0.0.1      InLoop0
127.0.0.0/8           Direct   0   0          127.0.0.1      InLoop0
127.0.0.0/32          Direct   0   0          127.0.0.1      InLoop0
127.0.0.1/32          Direct   0   0          127.0.0.1      InLoop0
127.255.255.255/32    Direct   0   0          127.0.0.1      InLoop0
224.0.0.0/4           Direct   0   0          0.0.0.0        NULL0
224.0.0.0/24          Direct   0   0          0.0.0.0        NULL0
255.255.255.255/32    Direct   0   0          127.0.0.1      InLoop0
```

由以上输出可知，目前路由器有 8 条路由，均为直连路由，其中目的地址为 127.0.0.0 的路由是路由器的环回地址直连路由。

按表 6-1 所示，在路由器接口上分别配置 IP 地址。

表 6-1　IP 地址列表

设 备 名 称	接　口	IP 地址	网　关
RTA	GE0/1	192.168.1.1/24	—
	GE0/0	192.168.0.254/24	—
RTB	GE0/1	192.168.1.2/24	—
	GE0/0	192.168.2.254/24	—
PCA	—	192.168.0.1/24	192.168.0.254/24
PCB	—	192.168.2.1/24	192.168.2.254/24

配置 RTA：

```
[RTA]interface GigabitEthernet 0/0
[RTA-GigabitEthernet0/0]ip address 192.168.0.254 24
[RTA-GigabitEthernet0/0]quit
[RTA]interface GigabitEthernet 0/1
[RTA-GigabitEthernet0/1]ip address 192.168.1.1 24
[RTA-GigabitEthernet0/1]quit
```

配置 RTB：

```
[RTB]interface GigabitEthernet 0/0
[RTB-GigabitEthernet0/0]ip address 192.168.2.254 24
[RTB-GigabitEthernet0/0]quit
[RTB]interface GigabitEthernet 0/1
[RTB-GigabitEthernet0/1]ip address 192.168.1.2 24
[RTB-GigabitEthernet0/1]quit
```

同时配置 PCA 和 PCB 的 IP 地址，配置完成后，再次查看路由表。此处以 RTA 为例查看路由表：

```
[RTA]display ip routing-table

Destinations : 16          Routes : 16

Destination/Mask      Proto   Pre Cost        NextHop         Interface
0.0.0.0/32            Direct  0   0           127.0.0.1       InLoop0
127.0.0.0/8           Direct  0   0           127.0.0.1       InLoop0
127.0.0.0/32          Direct  0   0           127.0.0.1       InLoop0
127.0.0.1/32          Direct  0   0           127.0.0.1       InLoop0
127.255.255.255/32    Direct  0   0           127.0.0.1       InLoop0
192.168.0.0/24        Direct  0   0           192.168.0.254   GE0/0
192.168.0.0/32        Direct  0   0           192.168.0.254   GE0/0
192.168.0.254/32      Direct  0   0           127.0.0.1       InLoop0
192.168.0.255/32      Direct  0   0           192.168.0.254   GE0/0
192.168.1.0/24        Direct  0   0           192.168.1.1     GE0/1
```

192.168.1.0/32	Direct	0	0	192.168.1.1	GE0/1
192.168.1.1/32	Direct	0	0	127.0.0.1	InLoop0
192.168.1.255/32	Direct	0	0	192.168.1.1	GE0/1
224.0.0.0/4	Direct	0	0	0.0.0.0	NULL0
224.0.0.0/24	Direct	0	0	0.0.0.0	NULL0
255.255.255.255/32	Direct	0	0	127.0.0.1	InLoop0

由以上输出可知，在 RTA 上配置了 IP 地址 192.168.0.254 和 192.168.1.1 后，RTA 的路由表中有了直连路由 192.168.0.0/24、192.168.0.254/32、192.168.1.0/24 和 192.168.1.1/32。其中 192.168.0.254/32 和 192.168.1.1/32 是主机路由，192.168.0.0/24 和 192.168.1.0/24 是子网路由。直连路由是由链路层协议发现的路由，在链路层协议 UP 后，路由器会将其加入路由表中。如果我们关闭链路层协议，则相关的直连路由也会消失。

在 RTA 上关闭接口，如下：

```
[RTA-GigabitEthernet0/0]shutdown
[RTA-GigabitEthernet0/0]quit
```

查看路由表，如下：

```
[RTA]display ip routing-table
```

Destinations : 12　　　　　Routes : 12

Destination/Mask	Proto	Pre	Cost	NextHop	Interface
0.0.0.0/32	Direct	0	0	127.0.0.1	InLoop0
127.0.0.0/8	Direct	0	0	127.0.0.1	InLoop0
127.0.0.0/32	Direct	0	0	127.0.0.1	InLoop0
127.0.0.1/32	Direct	0	0	127.0.0.1	InLoop0
127.255.255.255/32	Direct	0	0	127.0.0.1	InLoop0
192.168.1.0/24	Direct	0	0	192.168.1.1	GE0/1
192.168.1.0/32	Direct	0	0	192.168.1.1	GE0/1
192.168.1.1/32	Direct	0	0	127.0.0.1	InLoop0
192.168.1.255/32	Direct	0	0	192.168.1.1	GE0/1
224.0.0.0/4	Direct	0	0	0.0.0.0	NULL0
224.0.0.0/24	Direct	0	0	0.0.0.0	NULL0
255.255.255.255/32	Direct	0	0	127.0.0.1	InLoop0

可知，在接口关闭后，所运行的链路层协议关闭，直连路由也就自然消失了。

再开启接口，如下：

```
[RTA-GigabitEthernet0/0]undo shutdown
```

等到链路层协议 UP 后，再次查看路由表，可以发现接口 GigabitEthernet0/0 的直连路由又出现了。

➡ 相关知识

讲课视频　　　讲课视频

（一）路由概述

网络中二层交换机能够识别数据帧，并通过查询 MAC 地址表实现同一网络内部的数据转发，此过程称为"交换"。网络中路由器或三层交换机能够识别数据包，通过查询路由表实现不同网络之间的数据转发，此过程称为"路由"。

路由器是网络层的最重要设备之一。路由器的每个端口连接不同的网络，连接各局域网和广域网，是互联网络的枢纽设备。路由表是路由器的"大脑"，路由表中包含路由来源、目的网络/掩码和下一跳地址或者转发出接口等信息，路由器根据数据包中的目的地址，查找路由表中的匹配项。如果有匹配项，则路由表中有通往该网段的路由，按照下一跳地址或者转发出接口将数据包发往下一跳节点；如果没有匹配项，则丢弃数据包。就这样，一个数据包经过中间路由器一站一站地转发最终达到目的地。

由此可知，路由器是逐跳转发的。每台路由器接收到数据包后，只负责根据路由项选择一条"合适"的出口将数据包从当前节点转发至下一节点。数据包所经过的每台路由器都重复此操作，只负责一跳的转发，路由器之间的转发行为是相互独立的。如果中间哪台路由器上没有通往目的网段的路由，则数据包被丢弃。同样，当一个数据包从目的网络返回源网络时也是此过程。所以，如果两台主机之间能够互相通信，则这两台主机发送数据包所经过的每个中间节点上都要有到达目的网段的路由。图 6-2 为路由示意图。

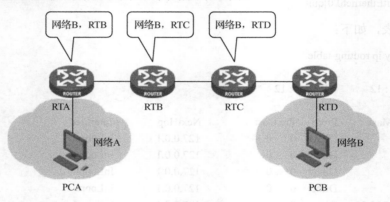

图 6-2　路由示意图

（二）路由表

路由器转发数据包的依据是路由表，每个路由器中都保存着一张路由表，表中每条路由项都指明数据包到某子网或某主机应通过路由器的哪个物理端口发送。下面显示的是一张路由表：

```
[RTA]display ip routing-table

Destinations : 18          Routes : 18

Destination/Mask    Proto    Pre   Cost    NextHop       Interface
0.0.0.0/32          Direct   0     0       127.0.0.1     InLoop0
127.0.0.0/8         Direct   0     0       127.0.0.1     InLoop0
127.0.0.0/32        Direct   0     0       127.0.0.1     InLoop0
127.0.0.1/32        Direct   0     0       127.0.0.1     InLoop0
127.255.255.255/32  Direct   0     0       127.0.0.1     InLoop0
172.0.0.0/16        Direct   0     0       172.0.0.2     GE0/1
172.0.0.0/32        Direct   0     0       172.0.0.2     GE0/1
172.0.0.2/32        Direct   0     0       127.0.0.1     InLoop0
172.0.255.255/32    Direct   0     0       172.0.0.2     GE0/1
```

172.1.0.0/16	Direct	0	0	172.1.0.1	GE0/2
172.1.0.0/32	Direct	0	0	172.1.0.1	GE0/2
172.1.0.1/32	Direct	0	0	127.0.0.1	InLoop0
172.1.255.255/32	Direct	0	0	172.1.0.1	GE0/2
192.168.0.0/24	RIP	100	1	172.0.0.1	GE0/1
192.168.1.0/24	O_INTRA	10	2	172.1.0.2	GE0/2
224.0.0.0/4	Direct	0	0	0.0.0.0	NULL0
224.0.0.0/24	Direct	0	0	0.0.0.0	NULL0
255.255.255.255/32	Direct	0	0	127.0.0.1	InLoop0

路由表中包含了如下要素。

（1）目的地址/网络掩码（Destination/Mask）

目的地址/网络掩码用来标识 IP 数据报文的目的地址或目的网络。IPv4 地址为点分十进制格式。掩码既可以用点分十进制格式表示，也可以用掩码长度即掩码中连续"1"的个数来表示。

（2）路由来源（Protocol）

路由的来源主要有 3 种：直连路由、静态路由和动态路由。

- 直连路由：去往三层设备端口直接连接网络的路由。当接口配置了 IP 地址，并且物理层和链路层状态均为 UP 时，路由进程自动生成，无须人工配置和维护。

- 静态路由：管理员手动进行配置的路由。优点是配置简单，无开销；缺点是维护工作量大，路由信息不能实时随网络的变化而自动更新。它适用于简单拓扑结构的网络。默认路由是静态路由的一种特例，它在路由表中的优先级最低，当路由表中所有表项都不匹配时，则按照默认路由转发数据包。

- 动态路由：由路由协议动态学习到的路由，如 RIP 和 OSPF 等。优点是路由信息可以随网络拓扑结构的变化自动更新；缺点是配置复杂、占用网络资源较大。它适用于大型的网络。

（3）路由优先级（Preference）

不同路由协议在计算路由的时候,因为所考虑的因素不同,导致计算出的路径也可能不同,也就是去往相同的目的地址时下一跳可能会不同。通往目的地址的多条路由就需要有个优先级,具有较高优先级的路由协议发现的路由将会被加入到路由表中（优先级数值越小，表明优先级越高）。

各路由协议的默认优先级如表 6-2 所示。除直连路由优先级无法调整外，其他路由协议的优先级都可以根据用户需求进行配置。

表 6-2　路由协议默认优先级

路　由　协　议	默认优先级
Direct	0
OSPF_INTRA	10
IS-IS	15
STATIC	60
RIP	100
OSPF_ASE	150
IBGP/EBGP	255

（4）路由度量值（Cost）

针对动态路由协议而言，路由度量值表示 IP 报文到达目标所要花的代价。其主要作用是当网络存在到达目的网络的多个路径时，路由器可依据度量值而选择一条较优的路径发送 IP 报文，从而保证 IP 报文能更快、更好地到达目的网络。

各路由协议定义路由度量值的方法不同，通常会考虑跳数、带宽等一系列因素中的一种或几种。在常用的路由协议里，RIP 使用"跳数"来计算度量值，跳数越小，其路由度量值也就越小，路径越优；OSPF 使用"链路带宽"来计算度量值，链路带宽越大，其路由度量值也就越小，路径越优。

路由度量值只在同一种路由协议内较有意义，不同的路由协议之间的路由度量值没有可比性，也不存在换算关系。

直连路由和静态路由的路由度量值统一规定为 0。

（5）下一跳地址（NextHop）

下一跳地址是指与当前路由器直连的对端路由器接口地址，此对端路由器是更接近目的网络的下一个路由器。

（6）出接口（Interface）

出接口是指 IP 数据包去往目的网络从当前路由器上转发出去的接口。

（三）查看设备路由表

● 查看 IP 路由表

[H3C]display ip routing-table

● 查看符合特定目的地址的路由信息

[H3C]display ip routing-table *ip-address* [*mask-length|mask*]

● 查看路由表的统计信息

[H3C]display ip routing-table statistics

小　　结

● 路由是指导 IP 数据包发送的路径信息；
● 路由项主要有目的地址/网络掩码、下一跳地址、出接口、路由度量值等；
● 路由的来源有直连路由、静态路由和动态路由。

巩固与提高

搭建如图 6-3 所示的网络拓扑图，IP 地址规划如表 6-3 所示。仔细观察路由表，特别是配置 IP 地址前后路由表的变化情况。

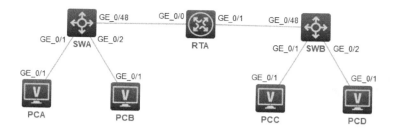

图 6-3 网络拓扑图

表 6-3 IP 地址规划列表

设 备 名 称	接 口	IP 地址	网 关
RTA	GE0/0	192.168.0.254/24	—
	GE0/1	192.168.1.254/24	—
PCA	—	192.168.0.1/24	192.168.0.254/24
PCB	—	192.168.0.2/24	192.168.0.254/24
PCC	—	192.168.1.1/24	192.168.1.254/24
PCD	—	192.168.1.2/24	192.168.1.254/24

项目 7

配置静态路由

知识目标

● 掌握静态路由的配置方法；
● 掌握采用静态路由实现路由备份和负载分担的方法。

能力目标

● 熟练进行静态路由的配置；
● 熟练采用静态路由实现路由备份和负载分担的配置。

学习目标

随着网络技术的快速发展，网络规模越来越大，设备数量也越来越多。为了使不同的局域网之间能够相互连接、相互访问，需要对转发路径上的所有路由器进行路由相关配置，使得 IP 数据包能够正确地送达目的网络。

任务1 配置静态路由

任务描述

学校现有两个区域，每个区域使用 1 台路由器作为出口设备。你作为学校的网络管理员，请在路由器上做相关路由配置，实现两个区域之间主机的相互通信。

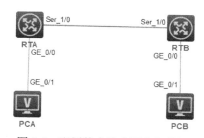

任务分析

为了实现学校两个区域之间的互通，可以在出口路由器上配置通往对端区域网络的静态路由信息。配置静态路由网络拓扑图如图 7-1 所示。

图 7-1 配置静态路由网络拓扑图

任务实施

步骤一：建立物理连接

按照图 7-1 进行连接，并按照表 7-1 进行主机 IP 地址配置。

实验视频

表 7-1 IP 地址列表

设 备 名 称	接　　口	IP 地址	网　　关
RTA	S1/0	192.168.1.1/24	—
	GE0/0	192.168.0.254/24	—
RTB	S1/0	192.168.1.2/24	—
	GE0/0	192.168.2.254/24	—
PCA	—	192.168.0.1/24	192.168.0.254/24
PCB	—	192.168.2.1/24	192.168.2.254/24

步骤二：进入系统视图并改名

配置 SWA：

```
<H3C>system-view
System View: return to User View with Ctrl+Z.
[H3C]sysname SWA
```

配置 SWB：

```
<H3C>system-view
System View: return to User View with Ctrl+Z.
[H3C]sysname SWB
```

步骤三：配置路由器接口 IP 地址

配置 RTA：

```
[RTA]interface GigabitEthernet 0/0
[RTA-GigabitEthernet0/0]ip address 192.168.0.254 24
[RTA-GigabitEthernet0/0]quit
```

```
[RTA]interface Serial 1/0
[RTA-Serial1/0]ip address 192.168.1.1 24
[RTA-Serial1/0]quit
```

配置 RTB：

```
[RTB]interface GigabitEthernet 0/0
[RTB-GigabitEthernet0/0]ip address 192.168.2.254 24
[RTB-GigabitEthernet0/0]quit
[RTB]interface Serial 1/0
[RTB-Serial1/0]ip address 192.168.1.2 24
[RTB-Serial1/0]quit
```

步骤四：测试网络的连通性

在 PCA 上测试到网关（192.168.0.254）的可达性，结果如图 7-2 所示。

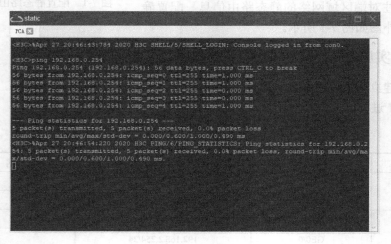

图 7-2　PCA ping 网关结果

在 PCA 上用 ping 命令测试到 PCB 的可达性，结果如图 7-3 所示。

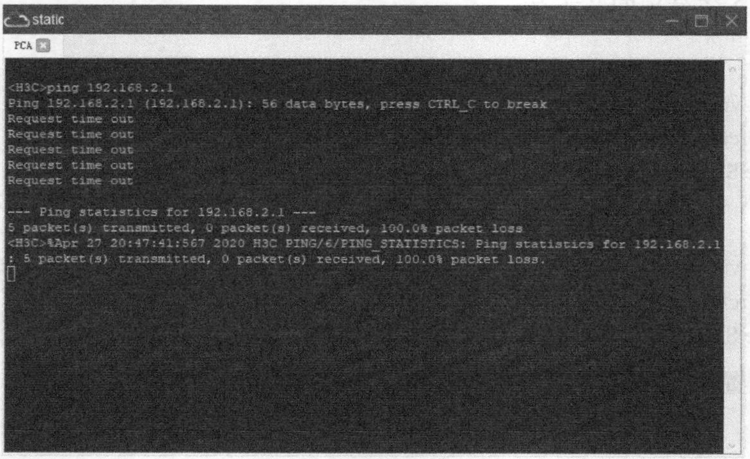

图 7-3　PCA ping PCB 结果（一）

以上输出信息显示超时。

在 RTA 上查看路由表，如下所示：

```
[RTA]display ip routing-table

Destinations : 17        Routes : 17

Destination/Mask      Proto   Pre  Cost        NextHop          Interface
0.0.0.0/32            Direct  0    0           127.0.0.1        InLoop0
127.0.0.0/8           Direct  0    0           127.0.0.1        InLoop0
127.0.0.0/32          Direct  0    0           127.0.0.1        InLoop0
127.0.0.1/32          Direct  0    0           127.0.0.1        InLoop0
127.255.255.255/32    Direct  0    0           127.0.0.1        InLoop0
192.168.0.0/24        Direct  0    0           192.168.0.254    GE0/0
192.168.0.0/32        Direct  0    0           192.168.0.254    GE0/0
192.168.0.254/32      Direct  0    0           127.0.0.1        InLoop0
192.168.0.255/32      Direct  0    0           192.168.0.254    GE0/0
192.168.1.0/24        Direct  0    0           192.168.1.1      Ser1/0
192.168.1.0/32        Direct  0    0           192.168.1.1      Ser1/0
192.168.1.1/32        Direct  0    0           127.0.0.1        InLoop0
192.168.1.2/32        Direct  0    0           192.168.1.2      Ser1/0
192.168.1.255/32      Direct  0    0           192.168.1.1      Ser1/0
224.0.0.0/4           Direct  0    0           0.0.0.0          NULL0
224.0.0.0/24          Direct  0    0           0.0.0.0          NULL0
255.255.255.255/32    Direct  0    0           127.0.0.1        InLoop0
```

问题原因找到了，是因为 RTA 路由表中没有到 PCB 所在网段 192.168.2.0/24 的路由。PCA 发出报文到 RTA 后，RTA 就会丢弃并返回不可达信息给 PCA。我们可以通过配置静态路由来使网络可达。

步骤五：配置静态路由

配置 RTA：

```
[RTA]ip route-static 192.168.2.0 24 192.168.1.2
```

配置 RTB：

```
[RTB]ip route-static 192.168.0.0 24 192.168.1.1
```

配置完成后，在路由器上查看路由表。例如，在 RTA 上查看路由表，已经有了去往 192.168.2.0/24 网段的静态路由，如下：

```
[RTA]display ip routing-table

Destinations : 18        Routes : 18

Destination/Mask      Proto   Pre  Cost        NextHop          Interface
0.0.0.0/32            Direct  0    0           127.0.0.1        InLoop0
127.0.0.0/8           Direct  0    0           127.0.0.1        InLoop0
127.0.0.0/32          Direct  0    0           127.0.0.1        InLoop0
```

127.0.0.1/32	Direct	0	0	127.0.0.1	InLoop0
127.255.255.255/32	Direct	0	0	127.0.0.1	InLoop0
192.168.0.0/24	Direct	0	0	192.168.0.254	GE0/0
192.168.0.0/32	Direct	0	0	192.168.0.254	GE0/0
192.168.0.254/32	Direct	0	0	127.0.0.1	InLoop0
192.168.0.255/32	Direct	0	0	192.168.0.254	GE0/0
192.168.1.0/24	Direct	0	0	192.168.1.1	Ser1/0
192.168.1.0/32	Direct	0	0	192.168.1.1	Ser1/0
192.168.1.1/32	Direct	0	0	127.0.0.1	InLoop0
192.168.1.2/32	Direct	0	0	192.168.1.2	Ser1/0
192.168.1.255/32	Direct	0	0	192.168.1.1	Ser1/0
192.168.2.0/24	Static	60	0	192.168.1.2	Ser1/0
224.0.0.0/4	Direct	0	0	0.0.0.0	NULL0
224.0.0.0/24	Direct	0	0	0.0.0.0	NULL0
255.255.255.255/32	Direct	0	0	127.0.0.1	InLoop0

步骤六：测试 PC 之间的可达性

在 PCA 上用 Ping 命令测试到 PCB 的可达性，结果如图 7-4 所示。

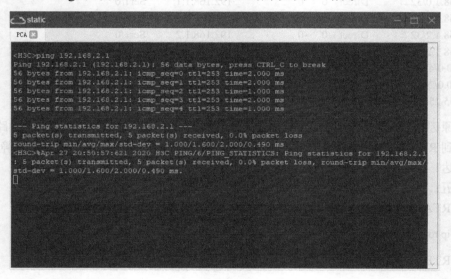

图 7-4　PCA ping PCB 结果（二）

步骤七：验证默认路由

将 RTA 去往 192.168.2.0/24 网段的配置设成默认路由，观察路由表及 PC 间的互通情况。
首先将 RTA 上的静态路由取消：

[RTA]undo ip route-static 192.168.2.0 24

然后在 RTA 上配置默认路由，下一跳仍为 192.168.1.2/24。

[RTA]ip route-static 0.0.0.0 0 192.168.1.2

在 RTA 上查看路由表，已经有了去往任意网段的默认路由，如下：

[RTA]display ip routing-table

Destinations : 18   Routes : 18

Destination/Mask	Proto	Pre	Cost	NextHop	Interface
0.0.0.0/0	Static	60	0	192.168.1.2	Ser1/0
0.0.0.0/32	Direct	0	0	127.0.0.1	InLoop0
127.0.0.0/8	Direct	0	0	127.0.0.1	InLoop0
127.0.0.0/32	Direct	0	0	127.0.0.1	InLoop0
127.0.0.1/32	Direct	0	0	127.0.0.1	InLoop0
127.255.255.255/32	Direct	0	0	127.0.0.1	InLoop0
192.168.0.0/24	Direct	0	0	192.168.0.254	GE0/0
192.168.0.0/32	Direct	0	0	192.168.0.254	GE0/0
192.168.0.254/32	Direct	0	0	127.0.0.1	InLoop0
192.168.0.255/32	Direct	0	0	192.168.0.254	GE0/0
192.168.1.0/24	Direct	0	0	192.168.1.1	Ser1/0
192.168.1.0/32	Direct	0	0	192.168.1.1	Ser1/0
192.168.1.1/32	Direct	0	0	127.0.0.1	InLoop0
192.168.1.2/32	Direct	0	0	192.168.1.2	Ser1/0
192.168.1.255/32	Direct	0	0	192.168.1.1	Ser1/0
224.0.0.0/4	Direct	0	0	0.0.0.0	NULL0
224.0.0.0/24	Direct	0	0	0.0.0.0	NULL0
255.255.255.255/32	Direct	0	0	127.0.0.1	InLoop0

再次在 PCA 上用 ping 命令测试到 PCB 的可达性，结果也应该是可达的。

➡ 相关知识

讲课视频

（一）静态路由简介

静态路由（Static Routing）是一种特殊的路由，由网络管理员手动配置。在早期的网络中，网络规模不大，路由器数量很少，路由表也相对较小，可以通过配置静态路由的方式实现网络互通。静态路由配置简单，路由效率高，减少了路由器开销，提升了网络性能。但其适合于在规模较小、路由表也相对简单的网络中使用。

当网络拓扑结构或链路状态发生改变时，需要网络管理员手动调整静态路由信息。伴随着网络规模的增长，在大规模的网络中路由器的数量很多，路由表的表项较多、较为复杂，手动配置工作量大，而且容易出错，同时后期的维护工作量也很大。基于静态路由固有的缺点，它一般适用于规模较小、路由表也相对简单的网络。

当数据源到目的地址的路由是未知的，或者在一些末梢网络中没有必要在路由表中存放全网的路由信息时，为了使路由器能够处理所有数据包的转发，一般核心路由器具有完整的路由器，其他路由器通过默认路由指向核心路由器即可。

默认路由是一种特殊的静态路由。当路由表中没有与数据包目的地址匹配的表项时，如果配置了默认路由，则数据包将根据默认路由条目进行转发；如果没有配置默认路由，则将数据包丢弃。

默认路由一般用在末梢网络中，合理配置默认路由，可以大大简化路由器的配置工作，减少路由表的表项，节省路由表空间，提高路由匹配速度。

（二）静态路由配置

> **[Router]ip route-static** *dest-address* {*mask*|*mask-length*} {*gateway-address*| *interface-type interface-number*}
> **[preference** *preference-value*]

部分参数说明如下。

（1）dest-address：目的 IP 地址或目的网络 IP 地址。当目的 IP 地址和网络掩码均为 0.0.0.0 时，配置的即是默认路由。

（2）gateway-address：指定下一跳地址，即直连链路上对端路由器端口的地址，此地址需为可达的地址。

（3）interface-type interface-number：指定出接口的类型和编号。此种方式仅限于接口类型为点对点的接口，其他接口不能指定出接口，只能指定下一跳地址。

（4）preference-value：指定静态路由的优先级，取值范围为 1～255，默认值为 60。优先级数值越小，优先级越高。

任务 2   用静态路由实现路由备份与负载分担

任务描述

为了增强两校区之间网络的健壮性和稳定性，网络环境中通常都使用一些备份连接，请通过静态路由的配置实现路由备份与负载分担。

任务分析

通过对静态路由的优先级进行合理配置，可以灵活应用路由管理策略。在配置去往目的网络的多条路由时，如果静态路由优先级相同，则可以实现负载分担；如果静态路由优先级不同，则可以实现路由备份。本任务可以通过调整静态路由的优先级来实现，路由备份与负载分担网络拓扑图如图 7-5 所示。

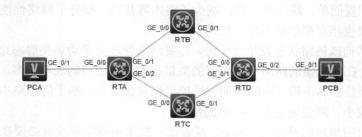

图 7-5   路由备份与负载分担网络拓扑图

任务实施

步骤一：建立物理连接
按照图 7-5 进行连接。

实验视频

步骤二：进入系统视图并改名

配置 SWA：

```
<H3C>system-view
System View: return to User View with Ctrl+Z.
[H3C]sysname SWA
```

配置 SWB：

```
<H3C>system-view
System View: return to User View with Ctrl+Z.
[H3C]sysname SWB
```

配置 SWC：

```
<H3C>system-view
System View: return to User View with Ctrl+Z.
[H3C]sysname SWC
```

配置 SWD：

```
<H3C>system-view
System View: return to User View with Ctrl+Z.
[H3C]sysname SWD
```

步骤三：配置 IP 地址

按照表 7-2 在 PC 上配置 IP 地址。

表 7-2　IP 地址列表

设备名称	接　口	IP 地址	网　关
RTA	GE0/0	192.168.0.1/24	—
	GE0/1	192.168.1.1/24	—
	GE0/2	192.168.2.1/24	—
RTB	GE0/0	192.168.1.2/24	—
	GE0/1	192.168.3.1/24	—
RTC	GE0/0	192.168.2.2/24	—
	GE0/1	192.168.4.1/24	—
RTD	GE0/0	192.168.3.2/24	—
	GE0/1	192.168.4.2/24	—
	GE0/2	192.168.5.1/24	—
PCA	—	192.168.0.2/24	192.168.0.1/24
PCB	—	192.168.5.2/24	192.168.5.1/24

配置 RTA：

```
[RTA]interface GigabitEthernet 0/0
[RTA-GigabitEthernet0/0]ip address 192.168.0.1 255.255.255.0
[RTA-GigabitEthernet0/0]quit
```

```
[RTA]interface GigabitEthernet 0/1
[RTA-GigabitEthernet0/1]ip address 192.168.1.1 255.255.255.0
[RTA-GigabitEthernet0/1]quit
[RTA]interface GigabitEthernet 0/2
[RTA-GigabitEthernet0/2]ip address 192.168.2.1 255.255.255.0
[RTA-GigabitEthernet0/2]quit
```

配置 RTB：

```
[RTB]interface GigabitEthernet 0/0
[RTB-GigabitEthernet0/0]ip address 192.168.1.2 255.255.255.0
[RTB-GigabitEthernet0/0]quit
[RTB]interface GigabitEthernet 0/1
[RTB-GigabitEthernet0/1]ip address 192.168.3.1 255.255.255.0
[RTB-GigabitEthernet0/1]quit
```

配置 RTC：

```
[RTC]interface GigabitEthernet 0/0
[RTC-GigabitEthernet0/0]ip address 192.168.2.2 255.255.255.0
[RTC-GigabitEthernet0/0]quit
[RTC]interface GigabitEthernet 0/1
[RTC-GigabitEthernet0/1]ip address 192.168.4.1 255.255.255.0
[RTC-GigabitEthernet0/1]quit
```

配置 RTD：

```
[RTD]interface GigabitEthernet 0/0
[RTD-GigabitEthernet0/0]ip address 192.168.3.2 255.255.255.0
[RTD-GigabitEthernet0/0]quit
[RTD]interface GigabitEthernet 0/1
[RTD-GigabitEthernet0/1]ip address 192.168.4.2 255.255.255.0
[RTD-GigabitEthernet0/1]quit
[RTD]interface GigabitEthernet 0/2
[RTD-GigabitEthernet0/2]ip address 192.168.5.1 255.255.255.0
[RTD-GigabitEthernet0/2]quit
```

步骤四：配置静态路由

配置 RTA：

```
[RTA] ip route-static 192.168.5.0 24 192.168.1.2
[RTA] ip route-static 192.168.5.0 24 192.168.2.2
```

配置 RTB：

```
[RTB] ip route-static 192.168.0.0 24 192.168.1.1
[RTB] ip route-static 192.168.5.0 24 192.168.3.2
```

配置 RTC：

```
[RTC] ip route-static 192.168.0.0 24 192.168.2.1
[RTC] ip route-static 192.168.5.0 24 192.168.4.2
```

配置 RTD：

```
[RTD] ip route-static 192.168.0.0 24 192.168.3.1
[RTD] ip route-static 192.168.0.0 24 192.168.4.1
```

步骤五：查看路由表

配置完成后，查看有多条路由的 RTA 和 RTD 的路由表，这里以 RTA 为例，结果如下：

```
[RTA]display ip routing-table
```

Destinations : 21　　　Routes : 22

Destination/Mask	Proto	Pre	Cost	NextHop	Interface
0.0.0.0/32	Direct	0	0	127.0.0.1	InLoop0
127.0.0.0/8	Direct	0	0	127.0.0.1	InLoop0
127.0.0.0/32	Direct	0	0	127.0.0.1	InLoop0
127.0.0.1/32	Direct	0	0	127.0.0.1	InLoop0
127.255.255.255/32	Direct	0	0	127.0.0.1	InLoop0
192.168.0.0/24	Direct	0	0	192.168.0.1	GE0/0
192.168.0.0/32	Direct	0	0	192.168.0.1	GE0/0
192.168.0.1/32	Direct	0	0	127.0.0.1	InLoop0
192.168.0.255/32	Direct	0	0	192.168.0.1	GE0/0
192.168.1.0/24	Direct	0	0	192.168.1.1	GE0/1
192.168.1.0/32	Direct	0	0	192.168.1.1	GE0/1
192.168.1.1/32	Direct	0	0	127.0.0.1	InLoop0
192.168.1.255/32	Direct	0	0	192.168.1.1	GE0/1
192.168.2.0/24	Direct	0	0	192.168.2.1	GE0/2
192.168.2.0/32	Direct	0	0	192.168.2.1	GE0/2
192.168.2.1/32	Direct	0	0	127.0.0.1	InLoop0
192.168.2.255/32	Direct	0	0	192.168.2.1	GE0/2
192.168.5.0/24	Static	60	0	192.168.1.2	GE0/1
				192.168.2.2	GE0/2
224.0.0.0/4	Direct	0	0	0.0.0.0	NULL0
224.0.0.0/24	Direct	0	0	0.0.0.0	NULL0
255.255.255.255/32	Direct	0	0	127.0.0.1	InLoop0

可以看出，RTA 去往 192.168.5.0/24 网段有两条路由，下一跳分别是 192.168.1.2 和 192.168.2.2，数据报文分别从这两条路由负载分担转发，这实现的是路由的负载分担。原因是什么呢？因为这两条路由的优先级相同。

大家可以继续验证，当其中一条路由发生故障的时候（可以通过关闭相应端口模拟硬件故障），数据依然能够正常转发，负载分担的两条路由也实现了备份的功能。

步骤六：路由备份配置及验证

下面继续以 RTA 为例，修改下一跳为 192.168.1.2 的路由的优先级为 10，配置如下：

```
[RTA]ip route-static 192.168.5.0 24 192.168.1.2 preference 10
```

再次查看 RTA 的路由表项，如下：

```
[RTA]display ip routing-table

Destinations : 21        Routes : 21

Destination/Mask      Proto   Pre  Cost      NextHop          Interface
0.0.0.0/32            Direct  0    0         127.0.0.1        InLoop0
127.0.0.0/8           Direct  0    0         127.0.0.1        InLoop0
127.0.0.0/32          Direct  0    0         127.0.0.1        InLoop0
127.0.0.1/32          Direct  0    0         127.0.0.1        InLoop0
127.255.255.255/32    Direct  0    0         127.0.0.1        InLoop0
192.168.0.0/24        Direct  0    0         192.168.0.1      GE0/0
192.168.0.0/32        Direct  0    0         192.168.0.1      GE0/0
192.168.0.1/32        Direct  0    0         127.0.0.1        InLoop0
192.168.0.255/32      Direct  0    0         192.168.0.1      GE0/0
192.168.1.0/24        Direct  0    0         192.168.1.1      GE0/1
192.168.1.0/32        Direct  0    0         192.168.1.1      GE0/1
192.168.1.1/32        Direct  0    0         127.0.0.1        InLoop0
192.168.1.255/32      Direct  0    0         192.168.1.1      GE0/1
192.168.2.0/24        Direct  0    0         192.168.2.1      GE0/2
192.168.2.0/32        Direct  0    0         192.168.2.1      GE0/2
192.168.2.1/32        Direct  0    0         127.0.0.1        InLoop0
192.168.2.255/32      Direct  0    0         192.168.2.1      GE0/2
192.168.5.0/24        Static  10   0         192.168.1.2      GE0/1
224.0.0.0/4           Direct  0    0         0.0.0.0          NULL0
224.0.0.0/24          Direct  0    0         0.0.0.0          NULL0
255.255.255.255/32    Direct  0    0         127.0.0.1        InLoop0
```

可以看出，RTA 去往 192.168.5.0/24 网段只有一条路由，下一跳是 192.168.1.2，而所配置的去往同一目的网段下一跳为 192.168.2.2 的路由消失了，原因是什么呢？下一跳为 192.168.1.2 的这条路由的优先级配置为 10，而下一跳为 192.168.2.2 的路由优先级没有配置，采用的就是静态路由的默认优先级 60。优先级值越小，路由的优先级越高，故被写入转发路由表中。

大家可以继续验证，当主用的路由发生故障的时候（可以通过关闭相应端口模拟硬件故障），优先级为 60 的备用路由即被送到转发路由表中，承担数据的转发功能，数据报文依然能够正常转发，这实现的是路由的备份。

📎 相关知识

在配置到达网络相同的目的地址的路由时：

（1）如果下一跳接口不同，而路由的优先级相同，则可以实现负载分担。数据流量在不同出接口之间均匀分布，当其中一条链路发生故障时，所有数据流量将被均匀分布到其他链路上，也实现了备份的功能。负载分担模式下，如果其中一条链路的带宽较小，当数据流量较大时，此链路将会成为网络传输的瓶颈，超负荷承载的时候可能会造成数据丢失，所以负载分担一般应用在链路间带宽相同或相近的场景下，可以提高网络的带宽利用率。

（2）如果下一跳接口不同，路由的优先级也不同，则可以实现路由备份。优先级高的为主用链路，优先级低的为备用链路，当主用链路发生故障时，备用路由启用，承担数据转发的任务；路由备份可以充分利用主用链路的带宽，不会因为链路带宽的限制而出现丢包现象，一般应用在链路间带宽相差较大的场景下。路由备份模式下，高优先级的路由被写入转发路由表，承担转发任务，低优先级的路由不出现在路由表中，好像是消失了；当主用路由出现故障的时候，备用路由承担数据转发的任务，所以这种路由也被形象地称为"浮动路由"。

采用静态路由实现路由备份和负载分担时，只需要在配置静态路由时，带上 Preference 可选参数调整路由优先级即可，具体可参见任务 1 中静态路由配置命令。

小　结

- 静态路由的配置；
- 静态默认路由的配置及用法；
- 利用静态路由实现路由备份或负载分担。

巩固与提高

搭建如图 7-6 所示的网络拓扑图。按照表 7-3 所示在 PC 和路由器上配置 IP 地址，在 RTA 上配置默认路由指向 RTB，在 RTB 上和 RTD 上配置静态路由实现负载分担。

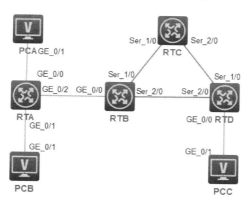

图 7-6　网络拓扑图

表 7-3　IP 地址规划列表

设 备 名 称	接　　口	IP 地 址	网　　关
RTA	GE0/0	172.16.0.254/24	—
	GE0/1	172.16.1.254/24	—
	GE0/2	172.16.2.1/24	—
RTB	GE0/0	172.16.2.2/24	—
	S1/0	172.16.3.1/24	

设 备 名 称	接　　口	IP 地址	网　　关
RTC	S2/0	172.16.5.1/24	—
	S1/0	172.16.3.2/24	—
	S2/0	172.16.4.1/24	—
RTD	GE0/0	172.16.6.254/24	—
	S1/0	172.16.4.2/24	—
	S2/0	172.16.5.2/24	—
PCA	—	172.16.0.1/24	172.16.0.254/24
PCB	—	172.16.1.1/24	172.16.1.254/24
PCC	—	172.16.6.1/24	172.16.6.254/24

项目 8

配置 RIP

知识目标

● 掌握 RIP 协议的工作原理；
● 掌握 RIP 协议的配置方法。

能力目标

● 熟练配置 RIP 路由；
● 会进行 RIP 路由维护。

项目背景

随着网络规模的逐渐扩大，设备数量迅速增加，如果仍然采用静态路由实现网络之间的互通，则路由表的配置难度和路由表中表项数量都将大大增加，并且在网络拓扑发生变动时网络管理员对路由配置调整的工作量比较大，实效性也难以保证。显然，静态路由因其固有的特点而不再适合大规模的网络。需要探索新的路由方式，能够自动地进行路由表的生成和维护，将网络管理员从繁重的路由配置和维护工作中解放出来，同时当网络出现故障时能够实时、自动地进行路由调整，保证业务的通畅。于是，动态路由协议便应运而生。

任务 1　配置 RIPv1

📥 任务描述

某学校为了扩大办学规模，在另一个城市新办了一所分校，要求两校区的校园网通过路由器相连，实现两校园网的内部主机相互通信。

📥 任务分析

两校区之间互通，我们可以通过路由器的广域网口进行连接，然后配置动态路由协议 RIPv1 就可以实现，网络拓扑图如图 8-1 所示。

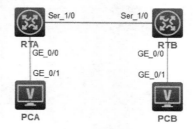

图 8-1　配置 RIP 网络拓扑图

📥 任务实施

步骤一：建立物理连接

按照图 8-1 进行连接。

步骤二：进入系统视图并改名

配置 RTA：

实验视频

```
<H3C>system-view
System View: return to User View with Ctrl+Z.
[H3C]sysname RTA
```

配置 RTB：

```
<H3C>system-view
System View: return to User View with Ctrl+Z.
[H3C]sysname RTB
```

步骤三：在 PC 和路由器上配置 IP 地址

按表 8-1 所示在 PC 上配置 IP 地址和网关，并配置路由器接口 IP 地址。

表 8-1　IP 地址列表

设 备 名 称	接　　口	IP 地 址	网　关
RTA	S1/0	192.168.1.1/24	—
	GE0/0	192.168.0.254/24	—

续表

设 备 名 称	接　　口	IP 地址	网　　关
RTB	S1/0	192.168.1.2/24	—
	GE0/0	192.168.2.254/24	—
PCA	—	192.168.0.1/24	192.168.0.254/24
PCB	—	192.168.2.1/24	192.168.2.254/24

配置 RTA：

[RTA]interface GigabitEthernet 0/0
[RTA-GigabitEthernet0/0]ip address 192.168.0.254 24
[RTA-GigabitEthernet0/0]quit
[RTA]interface Serial 1/0
[RTA-Serial1/0]ip address 192.168.1.1 24
[RTA-Serial1/0]quit

配置 RTB：

[RTB]interface GigabitEthernet 0/0
[RTB-GigabitEthernet0/0]ip address 192.168.2.254 24
[RTB-GigabitEthernet0/0]quit
[RTB]interface Serial 1/0
[RTB-Serial1/0]ip address 192.168.1.2 24
[RTB-Serial1/0]quit

步骤四：测试网络的互通性

配置完成后，在 PC 上用 ping 命令来测试到网关的可达性。例如，在 PCA 上测试到网关（192.168.0.254）的可达性，如图 8-2 所示。

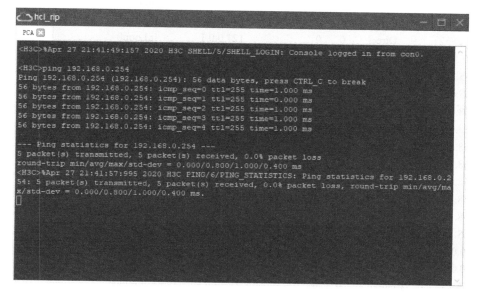

图 8-2　PCA ping 网关结果

再测试 PC 之间的可达性，在 PCA 上用 ping 命令测试到 PCB 的可达性，如图 8-3 所示。

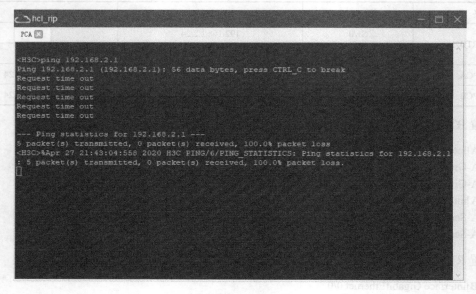

图 8-3　PCA ping PCB 结果

返回了超时信息，在路由器上查看路由表。例如，在 RTA 上查看路由表，如下：

[RTA]display ip routing-table

Destinations : 17　　　　Routes : 17

Destination/Mask	Proto	Pre	Cost	NextHop	Interface
0.0.0.0/32	Direct	0	0	127.0.0.1	InLoop0
127.0.0.0/8	Direct	0	0	127.0.0.1	InLoop0
127.0.0.0/32	Direct	0	0	127.0.0.1	InLoop0
127.0.0.1/32	Direct	0	0	127.0.0.1	InLoop0
127.255.255.255/32	Direct	0	0	127.0.0.1	InLoop0
192.168.0.0/24	Direct	0	0	192.168.0.254	GE0/0
192.168.0.0/32	Direct	0	0	192.168.0.254	GE0/0
192.168.0.254/32	Direct	0	0	127.0.0.1	InLoop0
192.168.0.255/32	Direct	0	0	192.168.0.254	GE0/0
192.168.1.0/24	Direct	0	0	192.168.1.1	Ser1/0
192.168.1.0/32	Direct	0	0	192.168.1.1	Ser1/0
192.168.1.1/32	Direct	0	0	127.0.0.1	InLoop0
192.168.1.2/32	Direct	0	0	192.168.1.2	Ser1/0
192.168.1.255/32	Direct	0	0	192.168.1.1	Ser1/0
224.0.0.0/4	Direct	0	0	0.0.0.0	NULL0
224.0.0.0/24	Direct	0	0	0.0.0.0	NULL0
255.255.255.255/32	Direct	0	0	127.0.0.1	InLoop0

可以看到，在 RTA 路由表中没有到 PCB 所在网段 192.168.2.0/24 的路由。所以当 PCA 发出的报文到 RTA 后，RTA 就丢弃并返回超时信息给 PCA，但我们可以在路由器上配置 RIP 协

议来解决这个问题。

步骤五：启用 RIP 协议

配置 RTA：

```
[RTA]rip
[RTA-rip-1]network 192.168.0.0
[RTA-rip-1]network 192.168.1.0
```

配置 RTB：

```
[RTB]rip
[RTB-rip-1]network 192.168.1.0
[RTB-rip-1]network 192.168.2.0
```

配置完成后，在路由器上查看路由表。例如，在 RTA 上查看路由表，如下：

```
[RTA]dis ip routing-table
```

Destinations : 18   Routes : 18

Destination/Mask	Proto	Pre	Cost	NextHop	Interface
0.0.0.0/32	Direct	0	0	127.0.0.1	InLoop0
127.0.0.0/8	Direct	0	0	127.0.0.1	InLoop0
127.0.0.0/32	Direct	0	0	127.0.0.1	InLoop0
127.0.0.1/32	Direct	0	0	127.0.0.1	InLoop0
127.255.255.255/32	Direct	0	0	127.0.0.1	InLoop0
192.168.0.0/24	Direct	0	0	192.168.0.254	GE0/0
192.168.0.0/32	Direct	0	0	192.168.0.254	GE0/0
192.168.0.254/32	Direct	0	0	127.0.0.1	InLoop0
192.168.0.255/32	Direct	0	0	192.168.0.254	GE0/0
192.168.1.0/24	Direct	0	0	192.168.1.1	Ser1/0
192.168.1.0/32	Direct	0	0	192.168.1.1	Ser1/0
192.168.1.1/32	Direct	0	0	127.0.0.1	InLoop0
192.168.1.2/32	Direct	0	0	192.168.1.2	Ser1/0
192.168.1.255/32	Direct	0	0	192.168.1.1	Ser1/0
192.168.2.0/24	RIP	100	1	192.168.1.2	Ser1/0
224.0.0.0/4	Direct	0	0	0.0.0.0	NULL0
224.0.0.0/24	Direct	0	0	0.0.0.0	NULL0
255.255.255.255/32	Direct	0	0	127.0.0.1	InLoop0

可以看到，在路由表中有到目的网络 192.168.2.0/24 的路由，这个路由是通过 RIP 协议学习到的。然后再测试 PC 之间的可达性，在 PCA 上用 ping 命令测试到 PCB 的可达性，结果如图 8-4 所示。

可以看到，PC 间路由可达了。

步骤六：查看 RIP 的运行状态

在 RTA 上用命令 display rip 查看：

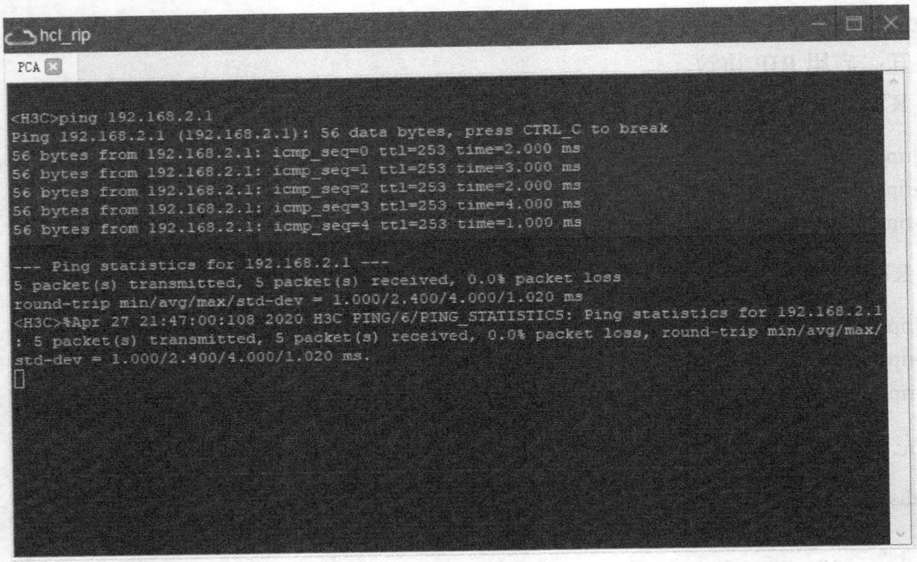

图 8-4　PCA ping PCB 结果

```
[RTA]display rip
    Public VPN-instance name:
      RIP process: 1
        RIP version: 1
        Preference: 100
        Checkzero: Enabled
        Default cost: 0
        Summary: Enabled
        Host routes: Enabled
        Maximum number of load balanced routes: 32
        Update time    :    30 secs   Timeout time        :    180 secs
        Suppress time :   120 secs   Garbage-collect time :   120 secs
        Update output delay:    20(ms)   Output count:       3
        TRIP retransmit time:      5(s)   Retransmit count: 36
        Graceful-restart interval:     60 secs
        Triggered Interval : 5 50 200
        BFD: Disabled
        Silent interfaces: None
        Default routes: Disabled
        Verify-source: Enabled
        Networks:
            192.168.0.0                192.168.1.0
        Configured peers: None
        Triggered updates sent: 2
        Number of routes changes: 3
        Number of replies to queries: 1
```

从以上输出信息可知，目前路由器运行的是 RIPv1，自动聚合功能是打开的；路由更新周期（Update time）是 30 秒，network 命令所指定的网段是 192.168.0.0 和 192.168.1.0。

打开 RIP 的 debugging 功能：

```
<RTA>terminal debugging
<RTA>debugging rip 1
```

观察 RTA RIP 收发协议的报文情况，如图 8-5 所示。

```
<RTA>*Apr  1 09:25:41:677 2020 RTA RIP/7/RIPDEBUG: RIP 1 : Update timer expired
*Apr  1 09:25:41:699 2020 RTA RIP/7/RIPDEBUG: RIP 1 : Sending v1 response on GigabitEthern
et0/0 from 192.168.0.1
*Apr  1 09:25:41:699 2020 RTA RIP/7/RIPDEBUG: RIP 1 : Sending response on interface Gigabi
tEthernet0/0 from 192.168.0.1 to 255.255.255.255
*Apr  1 09:25:41:699 2020 RTA RIP/7/RIPDEBUG:       Packet: version 1, cmd response, length 44
*Apr  1 09:25:41:699 2020 RTA RIP/7/RIPDEBUG:       AFI 2, destination 192.168.1.0, cost 1
*Apr  1 09:25:41:699 2020 RTA RIP/7/RIPDEBUG:       AFI 2, destination 192.168.2.0, cost 2
*Apr  1 09:25:41:699 2020 RTA RIP/7/RIPDEBUG: RIP 1 : Sending v1 response on Serial1/0 fro
m 192.168.1.1
*Apr  1 09:25:41:699 2020 RTA RIP/7/RIPDEBUG: RIP 1 : Sending response on interface Serial
1/0 from 192.168.1.1 to 255.255.255.255
*Apr  1 09:25:41:699 2020 RTA RIP/7/RIPDEBUG:       Packet: version 1, cmd response, length 24
*Apr  1 09:25:41:699 2020 RTA RIP/7/RIPDEBUG:       AFI 2, destination 192.168.0.0, cost 1
*Apr  1 09:25:48:264 2020 RTA RIP/7/RIPDEBUG: RIP 1 : Receiving v1 response on Serial1/0 f
rom 192.168.1.2
*Apr  1 09:25:48:264 2020 RTA RIP/7/RIPDEBUG: RIP 1 : Receiving response from 192.168.1.2
on Serial1/0
*Apr  1 09:25:48:264 2020 RTA RIP/7/RIPDEBUG:       Packet: version 1, cmd response, length 24
*Apr  1 09:25:48:264 2020 RTA RIP/7/RIPDEBUG:       AFI 2, destination 192.168.2.0, cost 1
```

图 8-5　RTA RIP 收发协议的报文情况

由以上输出可知，RTA 在接口 GigabitEthernet0/0 上发送的路由更新包含路由 192.168.1.0（度量值为 1）和 192.168.2.0（度量值为 2），在接口 S1/0 上发送的路由更新包含了路由 192.168.0.0（度量值为 1），以上更新是以广播方式发送的。在接口 S1/0 上接收到了来自 RTB（192.168.1.2）的路由更新，包含了路由 192.168.2.0（度量值为 1）。

此步骤完成后，在路由器上关闭 debugging 功能。

```
<RTA>undo debugging all
```

相关知识

（一）动态路由协议概述

动态路由协议能够根据网络当前的状况自动地生成路由信息，当网络拓扑发生变化的时候还能够自动地更新路由，无须网络管理员手工进行路由信息的创建和维护。

讲课视频

当前 Internet 网络的规模空前庞大，无论哪种路由协议都不可能完成全网的路由计算。所以现在的网络被划分成很多个自治系统（Autonomous System），一个自治系统是一个有权自主地决定在本系统中采用何种路由协议的实体。

按照工作范围的不同，动态路由协议可以分为内部网关协议（Interior Gateway Protocols，IGP）和外部网关协议（Exterior Gateway Protocols，EGP）。IGP 是指在一个自治系统内部使用的路由协议，比如 RIP、OSPF 和 IS-IS 等，主要发现和计算自治系统内部的路由协议；EGP 是在自治系统之间使用的路由协议，比如 BGP 等，主要控制路由信息在自治系统之间进行的传播。

按照工作机制的不同，动态路由协议可以分为距离矢量（Distance-Vector）路由协议和链路状态（Link-State）路由协议。距离矢量路由协议以"跳数"来衡量路由优劣，常见的有 RIP 和 BGP 等。链路状态路由协议则以链路带宽、当前负载情况等多个参数来衡量路由优劣，常见的有 OSPF 和 IS-IS 等。

（二）RIP 路由协议

RIP（Routing Information Protocol）是一种较为简单的内部网关协议，也是动态路由协议应用早期典型的距离矢量路由协议。RIP 使用跳数来衡量到达目的网络的距离，为限制收敛时间，RIP 协议规定跳数不能超过 15 跳，大于或等于 16 的跳数将被认为目的网络或主机不可达。所以这就限制了使用 RIP 路由协议的网络规模，使得 RIP 主要应用于规模较小的网络中，不适合在大型网络中应用。

RIP 协议的工作过程如下。

1. RIP 路由表的初始化

在启动 RIP 协议之后，RIP 路由表中仅包含本路由器的一些直连路由，这里的直连路由并非是路由器全量的直连路由，而是只有加入到 RIP 协议中的直连网络的路由，如图 8-6 所示。RIP 协议以跳数来衡量路由优劣，直连路由的路由度量值为 0。

图 8-6　RIP 路由表的初始化

2. RIP 路由表的更新

在 RIP 网络中，所有 RIP 路由器都会周期性地向 RIP 邻居广播包含自己全量 RIP 路由信息的报文，邻居路由器收到更新报文后，按照如下规则更新自己的路由表。

（1）对本路由表中已存在的路由项：

● 当发送更新报文的 RIP 邻居相同时，不论响应报文中携带的路由项度量值增大还是减小，都更新该路由项（度量值相同时只将其老化定时器清零）。

● 当发送更新报文的 RIP 邻居不同时，只在路由项度量值减少时，更新该路由项。

（2）对本路由表中不存在的路由项：

● 在度量值小于协议规定最大值 16 时，在路由表中增加该路由项。

在新增加或更新路由项时，下一跳为发送过来更新报文的邻居路由器的发送端口的 IP 地址，度量值在更新报文度量值的基础上加 1。

图 8-7 展示了一个 RIP 路由的更新示例。此例基于图 8-6 所示初始化路由表基础上进行，但是对于更新报文中所携带的路由项 192.168.1.0，两台路由器都未更新，原因是这两台路由器的路由表中都有 192.168.1.0 直连路由项，直连路由的优先级高于 RIP 协议路由。

3. RIP 路由表的维护

RIP 路由信息维护是由定时器来完成的，RIP 协议定义了以下 3 个重要的定时器。

（1）Update 定时器：定义了发送路由更新的时间间隔，默认值为 30 秒。

Routing Table			Routing Table		
目标网络	下一跳	度量值	目标网络	下一跳	度量值
192.168.0.0	—	0	192.168.1.0	—	0
192.168.1.0	—	0	192.168.2.0	—	0
192.168.2.0	192.168.1.2	1	192.168.0.0	192.168.1.1	1

图 8-7 RIP 路由表的更新

（2）Timeout 定时器：定义了路由的老化时间。如果在老化时间内没有收到关于某条路由的更新报文，则该条路由的度量值将会被设置为无穷大（16），并从 IP 路由表中撤销。定时器默认值为 180 秒。

（3）Garbage-Collect 定时器：定义了一条路由从度量值变为 16 开始直到它从路由表里被删除所经过的时间。如果 Garbage-Collect 超时，该路由仍没有得到更新，则该路由将被彻底删除。定时器默认值为 120 秒。

（三）配置 RIP

● 创建 RIP 进程或进入 RIP 视图：

[H3C]rip [*process-id*]

process-id 为进程号，取值范围为 1～65535。如果不指定，则默认进入进程 1。

● 在指定网段接口上使能 RIP：

[H3C-rip-1]network *network-address*

network 命令的含义是某接口所在直连网段路由加入到 RIP 路由表，同时此接口参与收发 RIP 协议报文。network-address 为直连网络的网段号。

● 显示 RIP 当前运行状态及配置信息：

<H3C>display rip [*process-id*]

● 查看 RIP 的 debugging 信息：

<H3C>debugging rip *process-id*

此命令要配合开启终端对调试信息的显示功能 terminal debugging 命令使用。

任务2 配置 RIPv2

➡ 任务描述

某学校为了扩大办学规模，在另一个城市新办了一所分校，要求两校区的校园网通过路由器相连，实现两校园网的内部主机相互通信。

任务分析

两校区之间互通，我们可以通过路由器的广域网口进行连接。RIPv1 解决了静态路由存在的问题，但是 RIPv1 为有类路由，在传递路由信息时不携带掩码，容易导致错误路由的产生。本任务首先通过让 RIPv1 在划分子网的情况下不能正确学习路由，剖析 RIPv1 的局限性，然后启用 RIPv2 协议。通过观察路由表和分析 RIP 收发协议报文，深入理解 RIPv2。网络拓扑图参考图 8-1。

任务实施

步骤一：建立物理连接

按照图 8-1 进行连接。

步骤二：进入系统视图并改名

实验视频

配置 RTA：

```
<H3C>system-view
System View: return to User View with Ctrl+Z.
[H3C]sysname RTA
```

配置 RTB：

```
<H3C>system-view
System View: return to User View with Ctrl+Z.
[H3C]sysname RTB
```

步骤三：在 PC 和路由器上配置 IP 地址

按表 8-2 所示在 PC 上配置 IP 地址和网关，在路由器接口上配置 IP 地址。

表 8-2　IP 地址列表

设 备 名 称	接　　口	IP 地址	网　　关
RTA	S1/0	192.168.1.1/24	—
	GE0/0	192.168.0.254/24	—
RTB	S1/0	192.168.1.2/24	—
	GE0/0	172.16.0.254/24	—
PCA	—	192.168.0.1/24	192.168.0.254/24
PCB	—	172.16.0.1/24	172.16.0.254/24

配置 RTA：

```
[RTA]interface GigabitEthernet 0/0
[RTA-GigabitEthernet0/0]ip address 192.168.0.254 24
[RTA-GigabitEthernet0/0]quit
[RTA]interface Serial 1/0
[RTA-Serial1/0]ip address 192.168.1.1 24
[RTA-Serial1/0]quit
```

配置 RTB：

```
[RTB]interface GigabitEthernet 0/0
[RTB-GigabitEthernet0/0]ip address 172.16.0.254 24
[RTB-GigabitEthernet0/0]quit
[RTB]interface Serial 1/0
[RTB-Serial1/0]ip address 192.168.1.2 24
[RTB-Serial1/0]quit
```

步骤四：配置 RIPv1

配置 RTA：

```
[RTA]rip
[RTA-rip-1]network 192.168.0.0
[RTA-rip-1]network 192.168.1.0
```

配置 RTB：

```
[RTB]rip
[RTB-rip-1]network 192.168.1.0
[RTB-rip-1]network 172.16.0.0
```

步骤五：观察路由表及 RIP 协议报文收发情况

在 RTA 上查看路由表，如下：

```
[RTA]display ip routing-table
```

Destinations : 18   Routes : 18

Destination/Mask	Proto	Pre	Cost	NextHop	Interface
0.0.0.0/32	Direct	0	0	127.0.0.1	InLoop0
127.0.0.0/8	Direct	0	0	127.0.0.1	InLoop0
127.0.0.0/32	Direct	0	0	127.0.0.1	InLoop0
127.0.0.1/32	Direct	0	0	127.0.0.1	InLoop0
127.255.255.255/32	Direct	0	0	127.0.0.1	InLoop0
172.16.0.0/16	RIP	100	1	192.168.1.2	Ser1/0
192.168.0.0/24	Direct	0	0	192.168.0.254	GE0/0
192.168.0.0/32	Direct	0	0	192.168.0.254	GE0/0
192.168.0.254/32	Direct	0	0	127.0.0.1	InLoop0
192.168.0.255/32	Direct	0	0	192.168.0.254	GE0/0
192.168.1.0/24	Direct	0	0	192.168.1.1	Ser1/0
192.168.1.0/32	Direct	0	0	192.168.1.1	Ser1/0
192.168.1.1/32	Direct	0	0	127.0.0.1	InLoop0
192.168.1.2/32	Direct	0	0	192.168.1.2	Ser1/0
192.168.1.255/32	Direct	0	0	192.168.1.1	Ser1/0
224.0.0.0/4	Direct	0	0	0.0.0.0	NULL0
224.0.0.0/24	Direct	0	0	0.0.0.0	NULL0
255.255.255.255/32	Direct	0	0	127.0.0.1	InLoop0

由上述路由表信息可看到，RTA 路由表中通过 RIP 协议学习到路由 172.16.0.0/16，但实际上其网段应该是 172.16.0.0/24，RTA 并没有正确学习到路由。

在 RTA 上打开 debugging，观察 RTA 收发协议报文的情况，如图 8-8 所示。

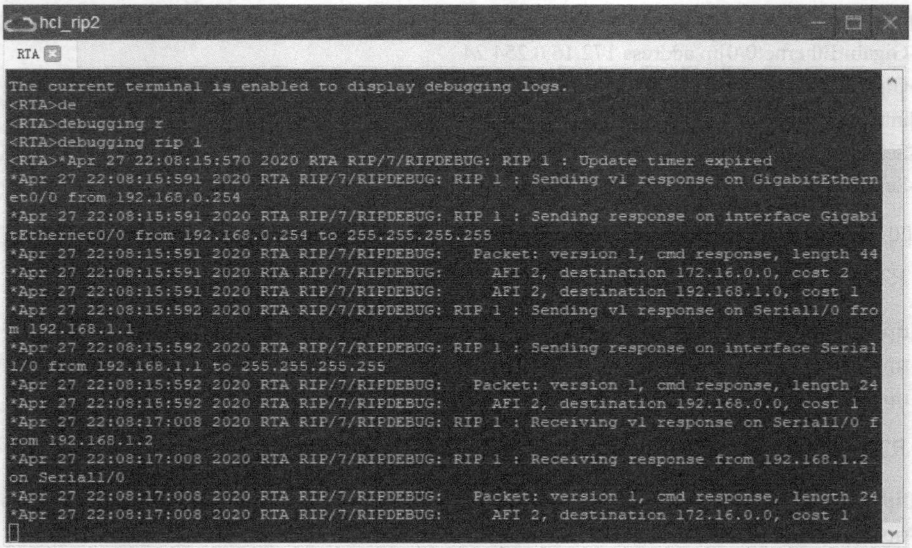

```
hcl_rip2
RTA
The current terminal is enabled to display debugging logs.
<RTA>de
<RTA>debugging r
<RTA>debugging rip 1
<RTA>*Apr 27 22:08:15:570 2020 RTA RIP/7/RIPDEBUG: RIP 1 : Update timer expired
*Apr 27 22:08:15:591 2020 RTA RIP/7/RIPDEBUG: RIP 1 : Sending v1 response on GigabitEthern
et0/0 from 192.168.0.254
*Apr 27 22:08:15:591 2020 RTA RIP/7/RIPDEBUG: RIP 1 : Sending response on interface Gigabi
tEthernet0/0 from 192.168.0.254 to 255.255.255.255
*Apr 27 22:08:15:591 2020 RTA RIP/7/RIPDEBUG:   Packet: version 1, cmd response, length 44
*Apr 27 22:08:15:591 2020 RTA RIP/7/RIPDEBUG:     AFI 2, destination 172.16.0.0, cost 2
*Apr 27 22:08:15:591 2020 RTA RIP/7/RIPDEBUG:     AFI 2, destination 192.168.1.0, cost 1
*Apr 27 22:08:15:592 2020 RTA RIP/7/RIPDEBUG: RIP 1 : Sending v1 response on Serial1/0 fro
m 192.168.1.1
*Apr 27 22:08:15:592 2020 RTA RIP/7/RIPDEBUG: RIP 1 : Sending response on interface Serial
1/0 from 192.168.1.1 to 255.255.255.255
*Apr 27 22:08:15:592 2020 RTA RIP/7/RIPDEBUG:   Packet: version 1, cmd response, length 24
*Apr 27 22:08:15:592 2020 RTA RIP/7/RIPDEBUG:     AFI 2, destination 192.168.0.0, cost 1
*Apr 27 22:08:17:008 2020 RTA RIP/7/RIPDEBUG: RIP 1 : Receiving v1 response on Serial1/0 f
rom 192.168.1.2
*Apr 27 22:08:17:008 2020 RTA RIP/7/RIPDEBUG: RIP 1 : Receiving response from 192.168.1.2
on Serial1/0
*Apr 27 22:08:17:008 2020 RTA RIP/7/RIPDEBUG:   Packet: version 1, cmd response, length 24
*Apr 27 22:08:17:008 2020 RTA RIP/7/RIPDEBUG:     AFI 2, destination 172.16.0.0, cost 1
```

图 8-8　RTA 收发协议报文情况

以上输出表示 RTA 收到 RTB 发出的路由更新，更新中有路由 172.16.0.0，但是并没有掩码。所以 RTA 假定此路由 172.16.0.0 的掩码是自然掩码，即 172.16.0.0/16。

由此可知，路由器之间不能正确学习路由，其原因为 RIPv1 协议报文中不携带掩码信息。通过将 RIP 运行版本修改为 RIPv2，可以解决这个问题。

步骤六：配置 RIPv2

配置 RTA：

```
[RTA]rip
[RTA-rip-1]version 2
[RTA-rip-1]undo summary
```

配置 RTB：

```
[RTB]rip
[RTB-rip-1]version 2
[RTB-rip-1]undo summary
```

步骤七：再次观察路由表及 RIP 协议报文收发情况

在 RTA 上查看路由表，如下所示：

```
[RTA]display ip routing-table

Destinations : 19          Routes : 19

Destination/Mask    Proto   Pre Cost      NextHop         Interface
0.0.0.0/32          Direct  0   0         127.0.0.1       InLoop0
127.0.0.0/8         Direct  0   0         127.0.0.1       InLoop0
127.0.0.0/32        Direct  0   0         127.0.0.1       InLoop0
127.0.0.1/32        Direct  0   0         127.0.0.1       InLoop0
127.255.255.255/32 Direct   0   0         127.0.0.1       InLoop0
```

172.16.0.0/16	RIP	100	1	192.168.1.2	Ser1/0	
172.16.0.0/24	RIP	100	1	192.168.1.2	Ser1/0	
192.168.0.0/24	Direct	0	0	192.168.0.254	GE0/0	
192.168.0.0/32	Direct	0	0	192.168.0.254	GE0/0	
192.168.0.254/32	Direct	0	0	127.0.0.1	InLoop0	
192.168.0.255/32	Direct	0	0	192.168.0.254	GE0/0	
192.168.1.0/24	Direct	0	0	192.168.1.1	Ser1/0	
192.168.1.0/32	Direct	0	0	192.168.1.1	Ser1/0	
192.168.1.1/32	Direct	0	0	127.0.0.1	InLoop0	
192.168.1.2/32	Direct	0	0	192.168.1.2	Ser1/0	
192.168.1.255/32	Direct	0	0	192.168.1.1	Ser1/0	
224.0.0.0/4	Direct	0	0	0.0.0.0	NULL0	
224.0.0.0/24	Direct	0	0	0.0.0.0	NULL0	
255.255.255.255/32	Direct	0	0	127.0.0.1	InLoop0	

可以看到，现在 RTA 能够正确学习到路由 172.16.0.0/24 了。

路由表中仍然有路由 172.16.0.0/16，其原因是 RIP 路由的老化时间是 180 秒。当此路由的更新超过 180 秒时，RIP 才会把此路由从 IP 路由表中撤销。

观察 RIP 的运行状态。例如，在 RIA 上查看 RIP 的运行状态，如下：

```
[RTA]display rip
  Public VPN-instance name:
    RIP process: 1
      RIP version: 2
      Preference: 100
      Checkzero: Enabled
      Default cost: 0
      Summary: Disabled
      Host routes: Enabled
      Maximum number of load balanced routes: 32
      Update time   :    30 secs  Timeout time          :    180 secs
      Suppress time :   120 secs  Garbage-collect time :   120 secs
      Update output delay:    20(ms)  Output count:        3
      TRIP retransmit time:      5(s)  Retransmit count: 36
      Graceful-restart interval:    60 secs
      Triggered Interval : 5 50 200
      BFD: Disabled
      Silent interfaces:
        GE0/0
      Default routes: Disabled
      Verify-source: Enabled
      Networks:
        192.168.0.0              192.168.1.0
      Configured peers: None
      Triggered updates sent: 6
      Number of routes changes: 6
      Number of replies to queries: 1
```

由以上信息可知，当前 RIP 的运行版本是 RIPv2。

再观察 RTA 收发协议报文的情况，如图 8-9 所示。

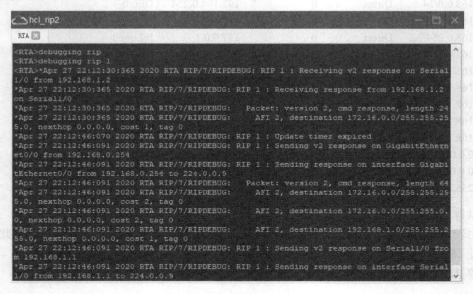

图 8-9　RTA 收发协议报文情况

可以观察到，RIPv2 的协议报文中携带了掩码信息。

步骤八：配置 RIPv2 认证

RIPv2 支持认证，目的是加强协议的安全性，我们先在两端路由器上配置不同的密码，看路由器之间能否正确学习路由信息。

配置 RTA：

```
[RTA]interface Serial 1/0
[RTA-Serial1/0]rip authentication-mode md5 rfc2453 plain aaaaa
```

配置 RTB：

```
[RTB]interface Serial 1/0
[RTB-Serial1/0]rip authentication-mode md5 rfc2453 plain abcde
```

因为原有的路由需要过一段时间才能老化，所以可以将接口关闭再启用，以加快重新学习路由的过程。例如，关闭再启用 RTA 的接口 Serial1/0，如下：

```
[RTA-Serial1/0]shutdown
[RTA-Serial1/0]undo shutdown
```

配置完成后，在路由器上查看路由表。例如，在 RTA 上查看，如下：

```
[RTA]display ip routing-table

Destinations : 17        Routes : 17

Destination/Mask    Proto    Pre Cost           NextHop         Interface
0.0.0.0/32          Direct   0   0              127.0.0.1       InLoop0
```

127.0.0.0/8	Direct	0	0	127.0.0.1	InLoop0
127.0.0.0/32	Direct	0	0	127.0.0.1	InLoop0
127.0.0.1/32	Direct	0	0	127.0.0.1	InLoop0
127.255.255.255/32	Direct	0	0	127.0.0.1	InLoop0
192.168.0.0/24	Direct	0	0	192.168.0.254	GE0/0
192.168.0.0/32	Direct	0	0	192.168.0.254	GE0/0
192.168.0.254/32	Direct	0	0	127.0.0.1	InLoop0
192.168.0.255/32	Direct	0	0	192.168.0.254	GE0/0
192.168.1.0/24	Direct	0	0	192.168.1.1	Ser1/0
192.168.1.0/32	Direct	0	0	192.168.1.1	Ser1/0
192.168.1.1/32	Direct	0	0	127.0.0.1	InLoop0
192.168.1.2/32	Direct	0	0	192.168.1.2	Ser1/0
192.168.1.255/32	Direct	0	0	192.168.1.1	Ser1/0
224.0.0.0/4	Direct	0	0	0.0.0.0	NULL0
224.0.0.0/24	Direct	0	0	0.0.0.0	NULL0
255.255.255.255/32	Direct	0	0	127.0.0.1	InLoop0

再观察 RTA 收发协议报文的情况，如图 8-10 所示。

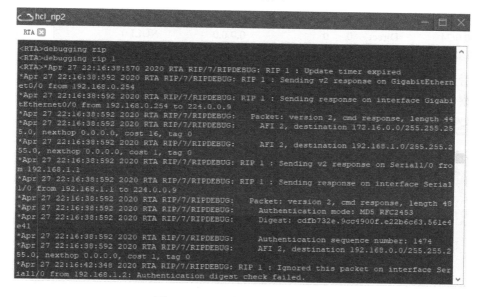

图 8-10　RTA 收发协议报文情况

可以看到，因认证密码不一致，RTA 不能够学习到对端设备发来的路由。此时再将 RTA 的密码改成与 RTB 相同的密码，来看路由器是否能正确交换路由信息。

配置 RTA：

[RTA-Serial1/0]rip authentication-mode md5 rfc2453 plain abcde

配置完成后，需要等待更新周期到来，RTA 收到 RTB 发出的路由更新后，再查看 RTA 上的路由表，如下：

[RTA]display ip routing-table

Destinations : 18   Routes : 18

Destination/Mask	Proto	Pre	Cost	NextHop	Interface
0.0.0.0/32	Direct	0	0	127.0.0.1	InLoop0
127.0.0.0/8	Direct	0	0	127.0.0.1	InLoop0
127.0.0.0/32	Direct	0	0	127.0.0.1	InLoop0
127.0.0.1/32	Direct	0	0	127.0.0.1	InLoop0
127.255.255.255/32	Direct	0	0	127.0.0.1	InLoop0
172.16.0.0/24	RIP	100	1	192.168.1.2	Ser1/0
192.168.0.0/24	Direct	0	0	192.168.0.254	GE0/0
192.168.0.0/32	Direct	0	0	192.168.0.254	GE0/0
192.168.0.254/32	Direct	0	0	127.0.0.1	InLoop0
192.168.0.255/32	Direct	0	0	192.168.0.254	GE0/0
192.168.1.0/24	Direct	0	0	192.168.1.1	Ser1/0
192.168.1.0/32	Direct	0	0	192.168.1.1	Ser1/0
192.168.1.1/32	Direct	0	0	127.0.0.1	InLoop0
192.168.1.2/32	Direct	0	0	192.168.1.2	Ser1/0
192.168.1.255/32	Direct	0	0	192.168.1.1	Ser1/0
224.0.0.0/4	Direct	0	0	0.0.0.0	NULL0
224.0.0.0/24	Direct	0	0	0.0.0.0	NULL0
255.255.255.255/32	Direct	0	0	127.0.0.1	InLoop0

可以看到，RTA 路由表中有了正确的路由 172.16.0.0/24。

再观察 RTA 收发协议报文的情况，如图 8-11 所示。

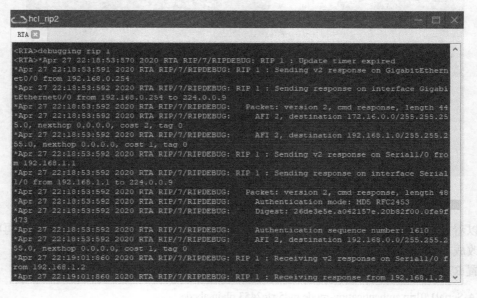

图 8-11　RTA 收发协议报文情况

可以看到，RTA 能够正确地接收从 RTB 发出的路由更新。

提示：如果开启了 debugging 功能，调试信息的输出会影响系统的运行效率，而且在配置过程中还会一直弹出调试信息，影响配置。可以在每次查看完后临时关闭调试功能，需要用到的时候再打开。

讲课视频

相关知识

（一）RIPv2 概述

RIP 协议包括两个版本：RIPv1 和 RIPv2。RIPv1 是有类别路由协议，RIPv2 是无类别路由协议。RIPv2 在 RIPv1 的基础上做了很大改进，两个版本特性对比如表 8-3 所示。

表 8-3　RIP 协议版本特性对比

RIP 协议特性	RIPv1	RIPv2	备　　注
是否携带掩码信息	否	是	RIPv1 不携带掩码，在交换子网路由时可能会发生错误
路由自动汇总	支持	支持	路由自动汇总可以减少网络上数据的流量，RIPv1 不能关闭自动汇总，RIPv2 则可以关闭自动汇总
发布协议报文方式	广播	组播	广播发送协议报文，开销大；组播发送协议报文，资源消耗少
是否支持 VLSM 和 CIDR	否	是	RIPv2 更有效地利用 IP 地址空间
是否支持认证	否	是	RIPv2 提供明文验证和 MD5 验证，安全性高

（二）配置 RIPv2

● 指定全局 RIP 版本

[Router-rip-1]version {1|2}

● 关闭 RIPv2 自动路由汇总功能

[Router-rip-1]undo summary

● 配置 RIPv2 报文的认证

[Router-Ethernet1/0] rip authentication-mode {{keychain *keychain-name* **rfc2453|rfc4822}|{md5 {rfc2082|rfc2453} cipher** *password***|plain** *password***}|{simple cipher** *password***|plain** *password***}}**

RIP 认证类型有 3 种：keychain、md5 和 simple。

keychain 验证方式中，keychain-name 为 keychain 名，取值范围为 1～63 个字符的字符串，区分大小写。

md5 验证模式中，rfc2082 和 rfc2453 指明 md5 验证报文分别使用 rfc2082 和 rfc2453 规定的报文格式；cipher 表示输入的密码为密文，密码取值范围为 33～53 个字符的字符串，区分大小写；plain 表示输入的密码为明文，密码取值范围为 1～16 个字符的字符串，区分大小写。

simple 表示简单验证方式。

小　结

● 动态路由协议可以分为内部网关协议和外部网关协议，也可以分为距离矢量路由协议和链路状态路由协议。

● RIP 协议是一种距离矢量路由协议。

● RIP 协议包括两个版本：RIPv1 和 RIPv2；RIPv1 是有类别路由协议，RIPv2 是无类别路由协议。

巩固与提高

请按照图 8-12 所示的网络拓扑图搭建网络，并采用动态路由协议 RIP 解决网络中的路由问题。具体 IP 地址规划如表 8-4 所示。

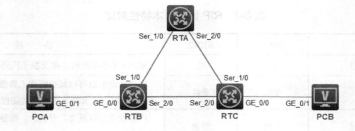

图 8-12　网络拓扑图

表 8-4　IP 地址规划列表

设 备 名 称	接　　口	IP 地址	网　　关
RTA	S1/0	172.16.1.2/24	—
	S2/0	172.16.2.1/24	
RTB	GE0/0	172.16.0.254/24	
	S1/0	172.16.1.1/24	—
	S2/0	172.16.3.1/24	
RTC	GE0/0	172.16.4.254/24	
	S1/0	172.16.2.2/24	—
	S2/0	172.16.3.2/24	
PCA	—	172.16.0.1/24	172.16.0.254/24
PCB	—	172.16.4.1/24	172.16.4.254/24

项目 *9*

配置 OSPF

知识目标

- 掌握 OSPF 的基本工作原理;
- 掌握 OSPF 的配置方法。

能力目标

- 会进行单区域 OSPF 的配置;
- 会进行多区域 OSPF 的配置。

项目背景

随着网络规模的扩大，RIP 解决了静态路由的一系列问题，实现了路由的动态管理，但是由于 RIP 路由协议存在无法避免的缺陷，所以在规划网络时，其多用于构建中小型网络。目前一些小型企业网的规模几乎等同于早年的中型企业网，且对于网络的安全性和可靠性提出了更高的要求，RIP 路由协议显然已经不能完全满足这样的需求了。

在这种背景下，OSPF 路由协议以其众多的优势脱颖而出，其解决了很多 RIP 路由协议无法解决的问题，因而得到了广泛应用。

任务 1 单区域 OSPF 基本配置

任务描述

某学校为了扩大办学规模，在另一个城市新办了一所分校，要求两校区的校园网通过路由器相连，从而实现两校园网的内部主机相互通信。

任务分析

两校区之间互通，我们可以通过路由器的广域网口进行连接（此处为了观察 DR/BDR 的选举情况，采用 GE 口进行连接），然后配置动态路由协议 OSPF 就可以实现。本组任务模拟单区域 OSPF 的应用。RTA 和 RTB 分别是客户端 PCA 和 PCB 的网关。RTA 的 Router ID 为 1.1.1.1，RTB 的 Router ID 为 2.2.2.2，RTA 和 RTB 都属于同一个 OSPF 区域 0。RTA 和 RTB 之间的网络能互通，客户端 PCA 和 PCB 能互通。网络拓扑图如图 9-1 所示。

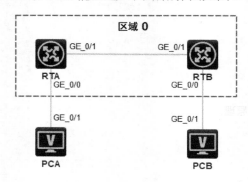

图 9-1 单区域 OSPF 基本配置的网络拓扑图

任务实施

步骤一：建立物理连接

按照图 9-1 进行连接，并按照表 9-1 进行主机 IP 地址配置。

实验视频

表 9-1 IP 地址列表

设 备 名 称	接　　口	IP 地址	网　　关
RTA	GE0/0	192.168.0.254/24	—
	GE0/1	192.168.1.1/24	—
RTB	GE0/0	192.168.2.254/24	—
	GE0/1	192.168.1.2/24	—
PCA	—	192.168.0.1/24	192.168.0.254/24
PCB	—	192.168.2.1/24	192.168.2.254/24

步骤二：进入系统视图并改名

配置 RTA：

```
<H3C>system-view
System View: return to User View with Ctrl+Z.
[H3C]sysname RTA
```

配置 RTB：

```
<H3C>system-view
System View: return to User View with Ctrl+Z.
[H3C]sysname RTB
```

步骤三：完成路由器接口 IP 地址的配置
配置 RTA：

```
[RTA]interface GigabitEthernet 0/0
[RTA-GigabitEthernet0/0]ip address 192.168.0.254 24
[RTA-GigabitEthernet0/0]quit
[RTA]interface GigabitEthernet 0/1
[RTA-GigabitEthernet0/1]ip address 192.168.1.1 24
[RTA-GigabitEthernet0/1]quit
```

配置 RTB：

```
[RTB]interface GigabitEthernet 0/0
[RTB-GigabitEthernet0/0]ip address 192.168.2.254 24
[RTB-GigabitEthernet0/0]quit
[RTB]interface GigabitEthernet 0/1
[RTB-GigabitEthernet0/1]ip address 192.168.1.2 24
[RTB-GigabitEthernet0/1]quit
```

步骤四：检查网络连通性和路由器路由表
在 PCA 上 ping PCB，结果如图 9-2 所示。

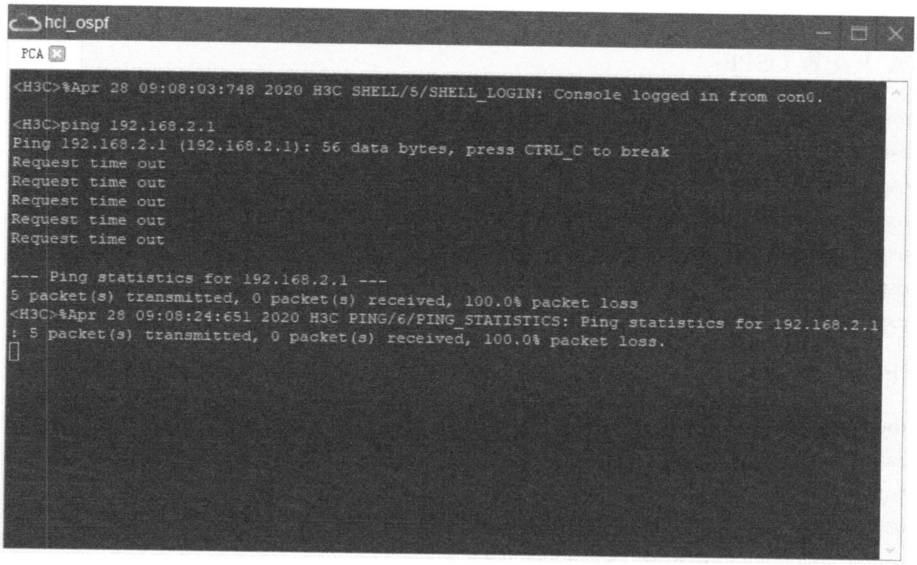

图 9-2　PCA ping PCB 的结果

结果显示，从 PCA 无法 ping 通 PCB，这是因为在 RTA 上没有到 192.168.2.1 的路由。在 RTA 上使用 display ip routing-table 查看 RTA 的路由表，显示如下：

```
[RTA]display ip routing-table

Destinations : 17        Routes : 17

Destination/Mask    Proto      Pre Cost      NextHop        Interface
0.0.0.0/32          Direct     0   0         127.0.0.1      InLoop0
127.0.0.0/8         Direct     0   0         127.0.0.1      InLoop0
127.0.0.0/32        Direct     0   0         127.0.0.1      InLoop0
127.0.0.1/32        Direct     0   0         127.0.0.1      InLoop0
127.255.255.255/32  Direct     0   0         127.0.0.1      InLoop0
192.168.0.0/24      Direct     0   0         192.168.0.254  GE0/0
192.168.0.0/32      Direct     0   0         192.168.0.254  GE0/0
192.168.0.254/32    Direct     0   0         127.0.0.1      InLoop0
192.168.0.255/32    Direct     0   0         192.168.0.254  GE0/0
192.168.1.0/24      Direct     0   0         192.168.1.1    GE0/1
192.168.1.0/32      Direct     0   0         192.168.1.1    GE0/1
192.168.1.1/32      Direct     0   0         127.0.0.1      InLoop0
192.168.1.255/32    Direct     0   0         192.168.1.1    GE0/1
192.168.2.0/24      O_INTRA    10  2         192.168.1.2    GE0/1
224.0.0.0/4         Direct     0   0         0.0.0.0        NULL0
224.0.0.0/24        Direct     0   0         0.0.0.0        NULL0
255.255.255.255/32  Direct     0   0         127.0.0.1      InLoop0
```

RTA 上只有直连路由，没有到达 PCB 的路由表，故从 PCA 上来的数据报文无法转发给 PCB。

在 RTB 上也执行以上操作，查看相关信息。

步骤五：配置 OSPF

在 RTA 上配置 OSPF：

```
[RTA]router id 1.1.1.1
[RTA]ospf 1
[RTA-ospf-1]area 0.0.0.0
[RTA-ospf-1-area-0.0.0.0]network 192.168.0.0 0.0.0.255
[RTA-ospf-1-area-0.0.0.0]network 192.168.1.0 0.0.0.255
[RTA-ospf-1-area-0.0.0.0]quit
[RTA-ospf-1]quit
```

在 RTB 上配置 OSPF：

```
[RTB]router id 2.2.2.2
[RTB]ospf 1
[RTB-ospf-1]area 0.0.0.0
[RTB-ospf-1-area-0.0.0.0]network 192.168.1.0 0.0.0.255
[RTB-ospf-1-area-0.0.0.0]network 192.168.2.0 0.0.0.255
[RTB-ospf-1-area-0.0.0.0]quit
[RTB-ospf-1]quit
```

步骤六：检查路由器 OSPF 邻居状态及路由表

在 RTA 上使用 display ospf peer 查看路由器 OSPF 邻居状态，显示如下：

```
[RTA]display ospf peer

            OSPF Process 1 with Router ID 1.1.1.1
                  Neighbor Brief Information

  Area: 0.0.0.0
  Router ID        Address          Pri Dead-Time  State          Interface
  2.2.2.2          192.168.1.2      1   33          Full/DR        GE0/1
```

RTA 与 Router ID 为 2.2.2.2（RTB）的路由器互为邻居。此时 State 为 Full/DR，邻居状态达到 Full，说明 RTA 和 RTB 之间的链路状态数据库已经同步，RTA 具备到达 RTB 的路由信息。在广播型网络中，必须选出一个 DR 和一个 BDR；如果路由器之间互连的 GE 口改用 Serial 口，网络为点对点网络，则不选举 DR/BDR。

在 RTA 上使用 display ospf routing 查看路由器的 OSPF 路由表，显示如下：

```
[RTA]display ospf routing

            OSPF Process 1 with Router ID 1.1.1.1
                       Routing Table

                  Topology base (MTID 0)

  Routing for network
  Destination       Cost    Type     NextHop        AdvRouter       Area
  192.168.0.0/24    1       Stub     0.0.0.0         1.1.1.1         0.0.0.0
  192.168.1.0/24    1       Transit  0.0.0.0         2.2.2.2         0.0.0.0
  192.168.2.0/24    2       Stub     192.168.1.2     2.2.2.2         0.0.0.0

  Total nets: 3

  Intra area: 3   Inter area: 0   ASE: 0   NSSA: 0
```

在 RTA 上使用 display ip routing-table 查看路由器全局路由表，显示如下：

```
[RTA]display ip routing-table

Destinations : 17        Routes : 17

Destination/Mask         Proto    Pre Cost        NextHop         Interface
0.0.0.0/32               Direct   0   0           127.0.0.1       InLoop0
127.0.0.0/8              Direct   0   0           127.0.0.1       InLoop0
127.0.0.0/32             Direct   0   0           127.0.0.1       InLoop0
127.0.0.1/32             Direct   0   0           127.0.0.1       InLoop0
127.255.255.255/32       Direct   0   0           127.0.0.1       InLoop0
192.168.0.0/24           Direct   0   0           192.168.0.254   GE0/0
192.168.0.0/32           Direct   0   0           192.168.0.254   GE0/0
192.168.0.254/32         Direct   0   0           127.0.0.1       InLoop0
```

192.168.0.255/32	Direct	0	0	192.168.0.254	GE0/0
192.168.1.0/24	Direct	0	0	192.168.1.1	GE0/1
192.168.1.0/32	Direct	0	0	192.168.1.1	GE0/1
192.168.1.1/32	Direct	0	0	127.0.0.1	InLoop0
192.168.1.255/32	Direct	0	0	192.168.1.1	GE0/1
192.168.2.0/24	O_INTRA 10	2		192.168.1.2	GE0/1
224.0.0.0/4	Direct	0	0	0.0.0.0	NULL0
224.0.0.0/24	Direct	0	0	0.0.0.0	NULL0
255.255.255.255/32	Direct	0	0	127.0.0.1	InLoop0

RTA 路由器全局路由表里加入了到达 RTB 的 192.168.2.0/24 网段的路由。

在 RTB 上也执行以上操作，查看相关信息。

步骤七：检查网络连通性

在 PCA 上 ping PCB，可以看到 PC 之间能够互通，结果如图 9-3 所示。

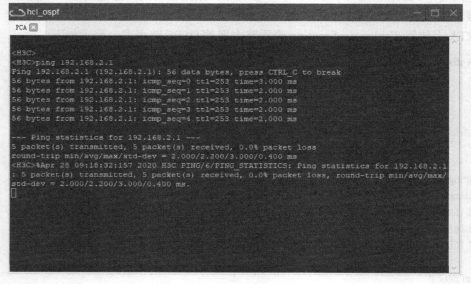

图 9-3　PCA ping PCB 的结果

 相关知识

（一）OSPF 概述

讲课视频

OSPF（Open Shortest Path First）是基于链路状态的内部网关协议。与距离矢量协议不同，基于链路状态的路由协议更加关心网络中链路或接口状态，其在一个自治系统内部进行链路状态信息的收集和传递，并使用 Dijkstra 的 SPF 算法（Shortest Path First）计算和选择路由。

OSPF 协议解决了很多 RIP 协议无法解决的问题，二者主要特性对比如表 9-2 所示。

表 9-2　RIP 协议与 OSPF 协议的主要特性对比

特　　性	RIP	OSPF
包交换发送内容	全量 RIP 路由表	增量链路状态信息，减少网络中数据流量的传递及资源占用

续表

特 性	RIP	OSPF
包交换发送时间	定期发送，默认发送周期为 30 秒	当网络链路状态发生变化时才发送
包交换发送方式	RIPv1 为广播，RIPv2 为组播，组播地址为 224.0.0.9	组播，组播地址为 224.0.0.5（全部 OSPF 路由器）和 224.0.0.6（指定路由器）
度量值	跳数，最大跳数为 15	Cost 值，影响因素包含带宽、延时等多种
网络管理	不分区域	分区域管理，减少网络中数据流量的传递及资源占用
路由环路	容易产生环路	无路由环路

（二）OSPF 协议的工作过程

如图 9-4 所示，OSPF 协议的 4 个主要工作过程如下。

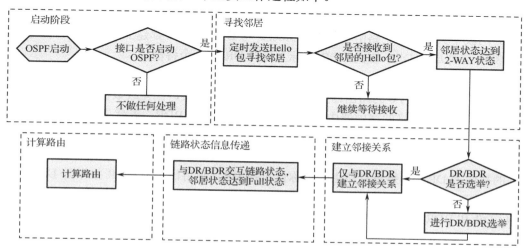

图 9-4 OSPF 协议的工作过程

1. 寻找邻居

OSPF 路由器并不是在协议启用后直接向外广播路由信息，而是先从启用 OSPF 协议的所有接口组播发送 Hello 包，以寻找可以与之交互链路状态信息的周边路由器，即邻居。当一个路由器收到其他路由器的 Hello 包时，将此路由器作为自己的邻居候选人写入邻居表中，邻居地址为启用 OSPF 协议并向外发送 Hello 包的路由器接口地址，状态为 Init。当两台路由器相互成功协商 Hello 包中所指定的某些参数（如 OSPF 区域等）后，才会将彼此确定为自己的邻居，邻居状态变为 2-WAY 状态。

邻居表表示如表 9-3 所示，其中，邻居 ID 为邻居路由器的 Router ID。Router ID 是路由器的唯一标识，是 OSPF 协议为了识别每台路由器而定义的。

表 9-3 邻居表表示

邻居 ID	邻 居 地 址	邻 居 状 态

Router ID 的确定规则按如下顺序执行：

（1）如果手动配置了 Router ID，则按照配置进行设置；

（2）在没有配置 Router ID 的情况下，查看是否存在配置了 IP 地址的 Loopback 接口。如果存在，则选择 Loopback 接口中 IP 地址最大的作为 Router ID；如果不存在，则选择物理接口中 IP 地址最大的作为 Router ID。

2. 建立邻接关系

在广播型网络（如以太网）中，成为邻居的两台路由器之间要周期性地发送 Hello 包来维护彼此之间的邻居关系，这将消耗较多的网络资源。同时如果两者之间都进行 LSA（Link State Advertisement）的交换，则会造成网络资源的浪费和主机资源的占用。

为了解决这个问题，OSPF 协议规定在广播型网络中，选举一台 DR（Designated Router）。网段中的其他 OSPF 路由器与 DR 之间的关系由邻居关系上升为邻接关系，建立邻接关系的 OSPF 路由器之间才能进行 LSA 的交换。如果 DR 故障，则所有的邻接关系都会被取消，那就需要再重新选择一台路由器作为 DR，重新选择会占用一定的时间，这段时间内路由计算是不正确的。为了规避单点故障风险，一般在选举 DR 的同时再选举一个 BDR（Backup Designated Router）。网段中其他 OSPF 路由器（DR Other）与 DR 和 BDR 都建立邻接关系，如果 DR 故障，则 BDR 立即成为 DR。因此 BDR 实际上是对 DR 的一个备份。

DR 和 BDR 的选举规则：

（1）接口优先级不为 0 的路由器具备选举资格；选举时接口优先级数值越大，优先级越高。

（2）在具备选举资格的路由器中，优先级最高的被选为 BDR，若优先级相同则 Router ID 大的优先。

（3）BDR 选举完成后，进行 DR 选举。如果有一台或多台路由器宣称自己是 DR，则优先级最高的被选为 DR；如果没有路由器宣称自己是 DR，则将已有的 BDR 推举为 DR，然后再进行一次 BDR 的选举。

（4）DR 和 BDR 选举完成后，OSPF 路由器将 DR 和 BDR 的 IP 地址设置到 Hello 包的 DR 和 BDR 字段上，表示该区域内的 DR 和 BDR 已经生效。

如下三点需要重点理解和区分：

（1）DR 属性是路由器在某个网段的特性，而不是全网特性

一台路由器可以多个接口启用 OSPF 协议，由于这些接口处于不同的网段当中，所以此路由器可能在其中一个或多个网段中是 DR，而在其他网段中是 BDR 或 DR Other。

（2）邻居和邻接关系不是一个概念

OSPF 区域内的路由器可以互为邻居，但是只能与 DR 和 BDR 建立邻接关系。

（3）DR 和 BDR 的选举场景

只有在广播（Broadcast）或非广播多路访问（NBMA）类型网络上才会选举 DR 和 BDR，在点到点（P2P）或点到多点（P2MP）类型的网络中不需要选举 DR 和 BDR。

3. 链路状态信息传递

建立邻接关系的 OSPF 路由器之间会交互 LSA，一段时间之后，同一区域内各 OSPF 路由器将形成相同的 LSDB（Link State Database），此 LSDB 包含整个区域网络的完整链路状态信息。

为了减少网络中数据流量的交互，OSPF 协议采用增量更新的机制。当网络处于收敛状态时，OSPF 路由器每 30 分钟向建立邻接关系的路由器发送 LSA 摘要信息（对该路由器链路状态的简单描述，并非具体的链路信息）；当网络拓扑发生变化时，OSPF 路由器立即向建立邻接关系的路由器发送 LSA 摘要信息。对方收到 LSA 摘要后与自身的链路信息进行比较，只有当 LSA 摘要中存在自身不具备的链路信息时才向对方发送该链路信息的请求。当 OSPF 路由器收

到邻居发来的某个 LSA 请求包后，就直接向邻居提供此 LSA 详细信息。

4. 计算路由

经过 LSA 的交换，OSPF 区域内的所有路由器将具有相同的 LSDB。由于一条 LSA 就是对一段网络拓扑的描述，故整个 LSDB 就是对整个区域网络拓扑结构的反映。然后，各 OSPF 路由器依据 LSDB 的信息用 SPF 算法计算出一颗最短的路径树。该树以自身为根，到达其他各节点的累计开销最小。这样也就获得了从当前节点到达其他各节点的路由，随后将各路由信息写入 OSPF 路由表中。

（三）配置基本 OSPF

● 配置 Router ID

[H3C]router id *ip-address*

Router ID 一般采用 IP 地址格式进行配置。

● 创建 OSPF 进程或进入 OSPF 进程

[H3C]ospf [*process-id*]

process-id 为进程号，取值范围为 1～65535，不指定情况下默认值为 1。一台路由器可以开启多个 OSPF 进程，但只对本地路由器有效。

● 重启 OSPF 进程

<H3C>reset ospf *process-id* **process**

● 配置 OSPF 区域

[H3C-ospf-1]area *area-id*

area-id 为 OSPF 区域 ID，可以配置成一个十进制的数字，也可以配置成一个点分十进制的数字，如 IP 地址的数字。

● 在指定网段接口上使能 OSPF

[H3C-ospf-1-area-0.0.0.0]network *network-address wildcard-mask*

network-address 为启用 OSPF 协议接口所在的直连网段地址，wildcard-mask 为通配符掩码。

● 显示 OSPF 邻居信息

[H3C]display ospf peer

● 显示 OSPF 链路状态数据库

[H3C]display ospf lsdb

● 显示 OSPF 路由信息

[H3C]display ospf routing

● 显示 OSPF 摘要信息

[H3C]display ospf [*process-id*] **[verbose]**

● 显示启动 OSPF 的接口信息

[H3C]display ospf [*process-id*] **interface** [*interface-type interface-number*|**verbose**]

任务 2 单区域 OSPF 增强配置

➡ 任务描述

为了增强两个校区之间网络的健壮性和稳定性，网络环境中通常使用一些备份连接，请通过 OSPF 路由的配置实现链路的备份与负载分担，并人为干预 DR 和 BDR 的选举。

➡ 任务分析

OSPF 路由器接口的 Cost 值会直接影响路由器计算路由的结果，通过对其进行调整，可以实现路由的备份与负载分担。在配置去往目的网络的多条路由时，如果 OSPF 路由器接口的 Cost 值相同，则可以实现负载分担；如果 OSPF 路由器接口的 Cost 值不同，则可以实现路由备份。

为了控制 OSPF 路由器之间 DR 和 BDR 的选举，调整接口优先级，本实验在路由器之间采用以太网口进行连接。RTA 和 RTB 分别是客户端 PCA 和 PCB 的网关。RTA 的 Router ID 为 1.1.1.1，RTB 的 Router ID 为 2.2.2.2，RTA 和 RTB 都属于同一个 OSPF 区域 0。RTA 和 RTB 之间的网络能互通，客户端 PCA 和 PCB 也能互通。单区域 OSPF 增强配置网络拓扑图如图 9-5 所示。

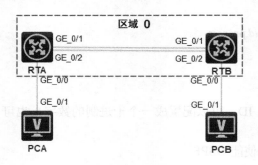

图 9-5　单区域 OSPF 增强配置网络拓扑图

➡ 任务实施

步骤一：搭建实验环境

按照图 9-5 进行连接，并按照表 9-4 进行主机 IP 地址配置。

实验视频

表 9-4　IP 地址列表

设 备 名 称	接　　口	IP 地址	网　　关
RTA	GE0/0	192.168.0.254/24	—
	GE0/1	192.168.1.1/24	—
	GE0/2	192.168.2.1/24	—
RTB	GE0/0	192.168.3.254/24	—
	GE0/1	192.168.1.2/24	—
	GE0/2	192.168.2.2/24	—

设 备 名 称	接　　口	IP 地址	网　　关
PCA	—	192.168.0.1/24	192.168.0.254/24
PCB	—	192.168.3.1/24	192.168.3.254/24

步骤二：基本配置

配置 RTA：

```
<H3C>system-view
System View: return to User View with Ctrl+Z.
[H3C]sysname RTA
[RTA]interface GigabitEthernet 0/0
[RTA-GigabitEthernet0/0]ip address 192.168.0.254 24
[RTA-GigabitEthernet0/0]quit
[RTA]interface GigabitEthernet 0/1
[RTA-GigabitEthernet0/1]ip address 192.168.1.1 24
[RTA-GigabitEthernet0/1]quit
[RTA]interface GigabitEthernet 0/2
[RTA-GigabitEthernet0/2]ip address 192.168.2.1 24
[RTA-GigabitEthernet0/2]quit
```

配置 RTB：

```
<H3C>system-view
System View: return to User View with Ctrl+Z.
[H3C]sysname RTB
[RTB]interface GigabitEthernet 0/0
[RTB-GigabitEthernet0/0]ip address 192.168.3.254 24
[RTB-GigabitEthernet0/0]quit
[RTB]interface GigabitEthernet 0/1
[RTB-GigabitEthernet0/1]ip address 192.168.1.2 24
[RTB-GigabitEthernet0/1]quit
[RTB]interface GigabitEthernet 0/2
[RTB-GigabitEthernet0/2]ip address 192.168.2.2 24
[RTB-GigabitEthernet0/2]quit
```

步骤三：配置 OSPF

配置 RTA：

```
[RTA]router id 1.1.1.1
[RTA]ospf 1
[RTA-ospf-1]area 0.0.0.0
[RTA-ospf-1-area-0.0.0.0]network 192.168.0.0 0.0.0.255
[RTA-ospf-1-area-0.0.0.0]network 192.168.1.0 0.0.0.255
[RTA-ospf-1-area-0.0.0.0]network 192.168.2.0 0.0.0.255
[RTA-ospf-1-area-0.0.0.0]quit
[RTA-ospf-1]quit
```

配置 RTB：

```
[RTB]router id 2.2.2.2
[RTB]ospf 1
[RTB-ospf-1]area 0.0.0.0
[RTB-ospf-1-area-0.0.0.0]network 192.168.1.0 0.0.0.255
[RTB-ospf-1-area-0.0.0.0]network 192.168.2.0 0.0.0.255
[RTB-ospf-1-area-0.0.0.0]network 192.168.3.0 0.0.0.255
[RTB-ospf-1-area-0.0.0.0]quit
[RTB-ospf-1]quit
```

步骤四：检查路由器 OSPF 邻居状态及路由表

在 RTA 上使用 display ospf peer 查看路由器 OSPF 邻居状态，显示如下：

```
[RTA]display ospf peer

               OSPF Process 1 with Router ID 1.1.1.1
                     Neighbor Brief Information


 Area: 0.0.0.0
 Router ID       Address           Pri Dead-Time   State        Interface
 2.2.2.2         192.168.1.2       1   39          Full/BDR     GE0/1
 2.2.2.2         192.168.2.2       1   33          Full/BDR     GE0/2
```

RTA 与 Router ID 为 2.2.2.2（RTB）的路由器建立了两个邻居：RTA 的 GE0/1 接口与 RTB 配置 IP 地址 192.168.1.2 的接口建立一个邻居，该邻居所在的网段为 192.168.1.0/24，接口 IP 地址为 192.168.1.2 的路由器（RTB）为该网段的 BDR 路由器；RTA 的 GE0/2 接口与 RTB 配置的 IP 地址 192.168.2.2 的接口建立另一个邻居，该邻居所在的网段为 192.168.2.0/24，接口 IP 地址为 192.168.2.2 的路由器（RTB）为该网段的 BDR 路由器。

在 RTA 上使用 display ospf routing 查看路由器 OSPF 路由表，显示如下：

```
[RTA]display ospf routing

               OSPF Process 1 with Router ID 1.1.1.1
                         Routing Table


                     Topology base (MTID 0)


 Routing for network
 Destination       Cost    Type      NextHop        AdvRouter      Area
 192.168.3.0/24    2       Stub      192.168.1.2    2.2.2.2        0.0.0.0
 192.168.3.0/24    2       Stub      192.168.2.2    2.2.2.2        0.0.0.0
 192.168.0.0/24    1       Stub      0.0.0.0        1.1.1.1        0.0.0.0
 192.168.1.0/24    1       Transit   0.0.0.0        1.1.1.1        0.0.0.0
 192.168.2.0/24    1       Transit   0.0.0.0        1.1.1.1        0.0.0.0


 Total nets: 5
 Intra area: 5   Inter area: 0   ASE: 0   NSSA: 0
```

在 RTA 的 OSPF 路由表上有两条到达 RTB 的 192.168.3.0/24 网段的路由，一条是邻居 192.168.1.2 发布的，另一条是邻居 192.168.2.2 发布的，这两条路由的 Cost 值相同。

在 RTA 上使用 display ip routing-table 查看路由器全局路由表，显示如下：

```
[RTA]display ip routing-table

Destinations : 21        Routes : 22

Destination/Mask    Proto    Pre Cost        NextHop         Interface
0.0.0.0/32          Direct   0    0          127.0.0.1       InLoop0
127.0.0.0/8         Direct   0    0          127.0.0.1       InLoop0
127.0.0.0/32        Direct   0    0          127.0.0.1       InLoop0
127.0.0.1/32        Direct   0    0          127.0.0.1       InLoop0
127.255.255.255/32  Direct   0    0          127.0.0.1       InLoop0
192.168.0.0/24      Direct   0    0          192.168.0.254   GE0/0
192.168.0.0/32      Direct   0    0          192.168.0.254   GE0/0
192.168.0.254/32    Direct   0    0          127.0.0.1       InLoop0
192.168.0.255/32    Direct   0    0          192.168.0.254   GE0/0
192.168.1.0/24      Direct   0    0          192.168.1.1     GE0/1
192.168.1.0/32      Direct   0    0          192.168.1.1     GE0/1
192.168.1.1/32      Direct   0    0          127.0.0.1       InLoop0
192.168.1.255/32    Direct   0    0          192.168.1.1     GE0/1
192.168.2.0/24      Direct   0    0          192.168.2.1     GE0/2
192.168.2.0/32      Direct   0    0          192.168.2.1     GE0/2
192.168.2.1/32      Direct   0    0          127.0.0.1       InLoop0
192.168.2.255/32    Direct   0    0          192.168.2.1     GE0/2
192.168.3.0/24      O_INTRA  10   2          192.168.1.2     GE0/1
                                             192.168.2.2     GE0/2
224.0.0.0/4         Direct   0    0          0.0.0.0         NULL0
224.0.0.0/24        Direct   0    0          0.0.0.0         NULL0
255.255.255.255/32  Direct   0    0          127.0.0.1       InLoop0
```

在 RTA 路由器全局路由表内，有两条到达 RTB 的 192.168.3.0/24 网段的等价 OSPF 路由。

在 RTB 上也执行以上操作，查看相关信息。

步骤五：修改路由器接口开销

在 RTA 的 GE0/1 接口上增加配置 ospf cost 150。

```
[RTA]interface GigabitEthernet 0/1
[RTA-GigabitEthernet0/1]ospf cost 150
```

步骤六：检查路由器路由表

在 RTA 上使用命令 display ospf routing 查看路由器 OSPF 路由表，显示如下：

```
[RTA]display ospf routing

            OSPF Process 1 with Router ID 1.1.1.1
                    Routing Table

                  Topology base (MTID 0)

Routing for network
```

Destination	Cost	Type	NextHop	AdvRouter	Area
192.168.3.0/24	2	Stub	192.168.2.2	2.2.2.2	0.0.0.0
192.168.0.0/24	1	Stub	0.0.0.0	1.1.1.1	0.0.0.0
192.168.1.0/24	150	Transit	0.0.0.0	1.1.1.1	0.0.0.0
192.168.2.0/24	1	Transit	0.0.0.0	1.1.1.1	0.0.0.0

Total nets: 4

Intra area: 4　Inter area: 0　ASE: 0　NSSA: 0

由于 RTA 的 GE0/1 接口的开销配置为 150，远高于 GE0/2 接口的开销，故在 RTA 的 OSPF 路由表上仅有一条由邻居 192.168.2.2（该邻居与 RTA 的 GE0/2 接口连接）发布的到达 RTB 的 192.168.3.0/24 网段的路由。

在 RTA 上使用 display ip routing-table 查看路由器全局路由表，显示如下：

```
[RTA]display ip routing-table

Destinations : 21        Routes : 21

Destination/Mask     Proto     Pre Cost     NextHop         Interface
0.0.0.0/32           Direct    0   0        127.0.0.1       InLoop0
127.0.0.0/8          Direct    0   0        127.0.0.1       InLoop0
127.0.0.0/32         Direct    0   0        127.0.0.1       InLoop0
127.0.0.1/32         Direct    0   0        127.0.0.1       InLoop0
127.255.255.255/32   Direct    0   0        127.0.0.1       InLoop0
192.168.0.0/24       Direct    0   0        192.168.0.254   GE0/0
192.168.0.0/32       Direct    0   0        192.168.0.254   GE0/0
192.168.0.254/32     Direct    0   0        127.0.0.1       InLoop0
192.168.0.255/32     Direct    0   0        192.168.0.254   GE0/0
192.168.1.0/24       Direct    0   0        192.168.1.1     GE0/1
192.168.1.0/32       Direct    0   0        192.168.1.1     GE0/1
192.168.1.1/32       Direct    0   0        127.0.0.1       InLoop0
192.168.1.255/32     Direct    0   0        192.168.1.1     GE0/1
192.168.2.0/24       Direct    0   0        192.168.2.1     GE0/2
192.168.2.0/32       Direct    0   0        192.168.2.1     GE0/2
192.168.2.1/32       Direct    0   0        127.0.0.1       InLoop0
192.168.2.255/32     Direct    0   0        192.168.2.1     GE0/2
192.168.3.0/24       O_INTRA   10  2        192.168.2.2     GE0/2
224.0.0.0/4          Direct    0   0        0.0.0.0         NULL0
224.0.0.0/24         Direct    0   0        0.0.0.0         NULL0
255.255.255.255/32   Direct    0   0        127.0.0.1       InLoop0
```

在 RTA 路由器全局路由表内，仅有一条通过 GE0/2 到达 RTB 的 192.168.3.0/24 网段的路由。

在 RTB 上也执行以上操作，查看相关信息。

步骤七：修改路由器接口优先级

在 RTB 的 GE0/1 上修改接口优先级为 0。

```
[RTB]interface GigabitEthernet 0/1
[RTB-GigabitEthernet0/1]ospf dr-priority 0
```

[RTB-GigabitEthernet0/1]quit

步骤八：查看路由器 OSPF 邻居状态

在 RTA 上使用 display ospf peer 查看路由器 OSPF 邻居状态，显示如下：

[RTA]display ospf peer

```
              OSPF Process 1 with Router ID 1.1.1.1
                 Neighbor Brief Information

 Area: 0.0.0.0
 Router ID       Address          Pri Dead-Time  State          Interface
 2.2.2.2         192.168.1.2       0   37         Full/DROther   GE0/1
 2.2.2.2         192.168.2.2       1   31         Full/BDR       GE0/2
```

由于 RTB 的 GE0/1 接口的 DR 优先级为 0，不具备 DR/BDR 选举权，故后启用 OSPF 的 RTA 接口 GE0/1 成为该网段的 DR 路由器，RTB 的接口 GE0/1 变为 DROther 路由器。

在 RTB 上也执行以上操作，查看相关信息。

相关知识

通过调整 OSPF 路由器的接口优先级，可以调整本网段上对 DR 和 BDR 角色的选举。

通过调整 OSPF 路由器的接口开销，可以实现 OSPF 路由的备份与负载分担。

配置命令如下：

● 配置接口优先级

[H3C-GigabitEthernet0/1]ospf dr-priority *priority*

priority 为接口优先级，用于调整 DR 和 BDR 的选举。取值范围为 0～255，默认值为 1。

● 配置接口的 Cost 值

[H3C-GigabitEthernet0/1]ospf cost *value*

value 为接口的 Cost 值，改变一个接口的 Cost 值，只影响从该接口发出数据的路径。取值范围为 0～65535。

任务3　多区域 OSPF 基本配置

任务描述

OSPF 协议使用多个数据库和较为复杂的算法，耗费路由器资源较多。为了增强两校区之间网络的稳定，减少因为 OSPF 协议本身所带来的资源方面的浪费，将两个校区进行分区域管理。

任务分析

OSPF 协议可以将一个自治系统划分成多个区域，每个区域内的路由器仅需要与本区域其他路由器互发 Hello 报文、建立邻接关系并交换 LSA。这样，数据交换量和数据库中数据的承载量都被限制在一个区域内，从而降低路由器资源的消耗和对网络资源的占用。

本任务的网络拓扑图如图9-6所示，由3台路由器、2台PC组成。RTA和RTC分别是客户端PCA和PCB的网关。RTA的Router ID为1.1.1.1，RTB的Router ID为2.2.2.2，RTC的Router ID为3.3.3.3。RTA和RTB的GE0/0口属于同一个OSPF区域0，RTB的GE0/1口和RTC属于同一个OSPF区域1。RTA、RTB和RTC之间的网络能互通，客户端PCA和PCB能互通。

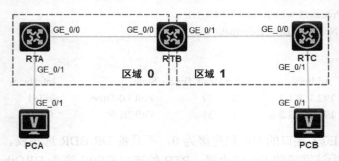

图9-6　多区域OSPF基本配置的网络拓扑图

任务实施

实验视频

步骤一：搭建实验环境

按照图9-6进行连接，并按照表9-5进行主机IP地址配置。

表9-5　IP地址列表

设 备 名 称	接　口	IP 地 址	网　关
RTA	GE0/0	192.168.1.1/24	—
	GE0/1	192.168.0.254/24	—
RTB	GE0/0	192.168.1.2/24	—
	GE0/1	192.168.2.1/24	
RTC	GE0/0	192.168.2.2/24	
	GE0/1	192.168.3.254/24	
PCA	—	192.168.0.1/24	192.168.0.254/24
PCB	—	192.168.3.1/24	192.168.3.254/24

步骤二：基本配置

配置RTA：

```
<H3C>system-view
System View: return to User View with Ctrl+Z.
[H3C]sysname RTA
[RTA]interface GigabitEthernet 0/0
[RTA-GigabitEthernet0/0]ip address 192.168.1.1 24
[RTA-GigabitEthernet0/0]quit
[RTA]interface GigabitEthernet 0/1
[RTA-GigabitEthernet0/1]ip address 192.168.0.254 24
[RTA-GigabitEthernet0/1]quit
```

配置 RTB：

```
<H3C>system-view
System View: return to User View with Ctrl+Z.
[H3C]sysname RTB
[RTB]interface GigabitEthernet 0/0
[RTB-GigabitEthernet0/0]ip address 192.168.1.2 24
[RTB-GigabitEthernet0/0]quit
[RTB]interface GigabitEthernet 0/1
[RTB-GigabitEthernet0/1]ip address 192.168.2.1 24
[RTB-GigabitEthernet0/1]quit
```

配置 RTC：

```
<H3C>system-view
System View: return to User View with Ctrl+Z.
[H3C]sysname RTC
[RTC]interface GigabitEthernet 0/0
[RTC-GigabitEthernet0/0]ip address 192.168.2.2 24
[RTC-GigabitEthernet0/0]quit
[RTC]interface GigabitEthernet 0/1
[RTC-GigabitEthernet0/1]ip address 192.168.3.254 24
[RTC-GigabitEthernet0/1]quit
```

步骤三：配置 OSPF

配置 RTA：

```
[RTA]router id 1.1.1.1
[RTA]ospf 1
[RTA-ospf-1]area 0
[RTA-ospf-1-area-0.0.0.0]network 192.168.0.0 0.0.0.255
[RTA-ospf-1-area-0.0.0.0]network 192.168.1.0 0.0.0.255
[RTA-ospf-1-area-0.0.0.0]quit
[RTA-ospf-1]quit
```

配置 RTB：

```
[RTB]router id 2.2.2.2
[RTB]ospf 1
[RTB-ospf-1]area 0
[RTB-ospf-1-area-0.0.0.0]network 192.168.1.0 0.0.0.255
[RTB-ospf-1-area-0.0.0.0]quit
[RTB-ospf-1]area 1
[RTB-ospf-1-area-0.0.0.1]network 192.168.2.0 0.0.0.255
[RTB-ospf-1-area-0.0.0.1]quit
[RTB-ospf-1]quit
```

配置 RTC：

```
[RTC]router id 3.3.3.3
[RTC]ospf 1
```

```
[RTC-ospf-1]area 1
[RTC-ospf-1-area-0.0.0.1]network 192.168.2.0 0.0.0.255
[RTC-ospf-1-area-0.0.0.1]network 192.168.3.0 0.0.0.255
[RTC-ospf-1-area-0.0.0.1]quit
[RTC-ospf-1]quit
```

步骤四：检查路由器 OSPF 邻居状态及路由表

在 RTB 上使用 display ospf peer 查看路由器 OSPF 邻居状态，显示如下：

```
[RTB]display ospf peer

                OSPF Process 1 with Router ID 2.2.2.2
                    Neighbor Brief Information

  Area: 0.0.0.0
  Router ID         Address          Pri Dead-Time   State        Interface
  1.1.1.1           192.168.1.1      1   31           Full/DR      GE0/0

  Area: 0.0.0.1
  Router ID         Address          Pri Dead-Time   State        Interface
  3.3.3.3           192.168.2.2      1   31           Full/BDR     GE0/1
```

   RTB 与 Router ID 为 1.1.1.1（RTA）的路由器在 Area 0 内，RTB 的 GE0/0 接口与 RTA 配置 IP 地址为 192.168.1.1 的接口建立邻居关系，该邻居所在的网段为 192.168.1.0/24，RTA 为该网段的 DR 路由器。

   RTB 与 Router ID 为 3.3.3.3（RTC）的路由器在 Area 1 内，RTB 的 GE0/1 接口与 RTC 配置 IP 地址为 192.168.2.2 的接口建立邻居关系，该邻居所在的网段为 192.168.2.0/24，RTC 为该网段的 BDR 路由器。

在 RTB 上使用 display ospf routing 查看路由器 OSPF 路由表，显示如下：

```
[RTB]display ospf routing

                OSPF Process 1 with Router ID 2.2.2.2
                    Routing Table


                    Topology base (MTID 0)


  Routing for network
  Destination       Cost    Type     NextHop        AdvRouter     Area
  192.168.3.0/24    2       Stub     192.168.2.2    3.3.3.3       0.0.0.1
  192.168.0.0/24    2       Stub     192.168.1.1    1.1.1.1       0.0.0.0
  192.168.1.0/24    1       Transit 0.0.0.0         1.1.1.1       0.0.0.0
  192.168.2.0/24    1       Transit 0.0.0.0         2.2.2.2       0.0.0.1


  Total nets: 4
  Intra area: 4   Inter area: 0   ASE: 0   NSSA: 0
```

在 RTB 的 OSPF 路由表上有到达全部网络的路由。

在 RTB 上使用 display ip routing-table 查看路由器全局路由表，显示如下：

[RTB]display ip routing-table

Destinations : 18　　　　Routes : 18

Destination/Mask	Proto	Pre	Cost	NextHop	Interface
0.0.0.0/32	Direct	0	0	127.0.0.1	InLoop0
127.0.0.0/8	Direct	0	0	127.0.0.1	InLoop0
127.0.0.0/32	Direct	0	0	127.0.0.1	InLoop0
127.0.0.1/32	Direct	0	0	127.0.0.1	InLoop0
127.255.255.255/32	Direct	0	0	127.0.0.1	InLoop0
192.168.0.0/24	O_INTRA	10	2	192.168.1.1	GE0/0
192.168.1.0/24	Direct	0	0	192.168.1.2	GE0/0
192.168.1.0/32	Direct	0	0	192.168.1.2	GE0/0
192.168.1.2/32	Direct	0	0	127.0.0.1	InLoop0
192.168.1.255/32	Direct	0	0	192.168.1.2	GE0/0
192.168.2.0/24	Direct	0	0	192.168.2.1	GE0/1
192.168.2.0/32	Direct	0	0	192.168.2.1	GE0/1
192.168.2.1/32	Direct	0	0	127.0.0.1	InLoop0
192.168.2.255/32	Direct	0	0	192.168.2.1	GE0/1
192.168.3.0/24	O_INTRA	10	2	192.168.2.2	GE0/1
224.0.0.0/4	Direct	0	0	0.0.0.0	NULL0
224.0.0.0/24	Direct	0	0	0.0.0.0	NULL0
255.255.255.255/32	Direct	0	0	127.0.0.1	InLoop0

在 RTB 路由器全局路由表内，有到达全部网络的路由。

在 RTA、RTC 上也执行以上操作，查看相关信息。

步骤五：检查网络连通性

在 PCA 上 ping PCB，从结果看出可以互通，如图 9-7 所示。

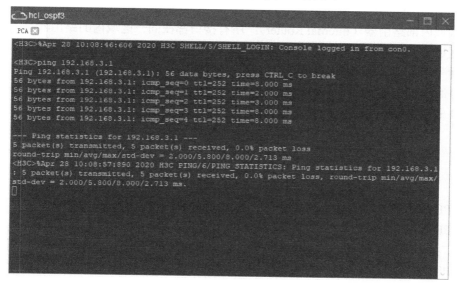

图 9-7　PCA ping PCB 的结果

讲课视频

相关知识

当网络达到一定规模时，OSPF 路由器之间进行 Hello 报文的交换量将会大大影响网络性能，同时路由器中所形成的 LSDB 也会非常庞大，路由计算复杂度大幅度增加。为了减少这些不利影响，OSPF 协议提出分区域管理的解决方法，如图 9-8 所示。

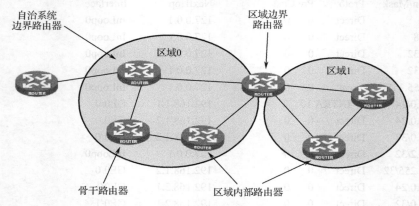

图 9-8　OSPF 协议分区域管理

OSPF 将一个大的自治系统划分为多个区域（Area），每个区域负责各自区域内部 Hello 包的交换、LSA 的传递和路由计算，然后将本区域的 LSA 简化和汇总后转发到另外一个区域。路由器的区域是基于接口划分的，而不是基于整台路由器，一台路由器既可以归属于单个区域，也可以归属于多个区域。

为区分各个区域，每个区域用一个 32 位的区域 ID 来标识。区域 ID 可以表示为一个十进制的数字，也可以表示为一个点分十进制的数字。

OSPF 区域可以分为两种类型：骨干区域和非骨干区域。骨干区域必须创建，区域 ID 为 0.0.0.0；非骨干区域之间不能直接相连，必须通过骨干区域相连。区域划分之后，网络中路由器根据其位置的不同可以分成如下几类。

（1）区域内部路由器（Internal Router）：所有接口都在同一区域内的路由器。

（2）区域边界路由器（Area Border Router）：同时连接多个区域的路由器。

（3）骨干路由器（Backbone Router）：骨干区域内的路由器。

（4）自治系统边界路由器（Autonomous System Boundary Router）：本自治系统中与其他自治系统相连的路由器。

小　结

- OSPF 是基于链路状态的路由协议，使用 SPF 算法计算路由；
- OSPF 协议的工作过程包括寻找邻居、建立邻接关系、LSA 传递和计算路由；
- 在广播型非广播多路访问网络中，通过选举 DR/BDR 来减少邻接关系和网络资源占用；
- OSPF 通过划分区域管理来解决因网络规模过大而导致过多耗费网络和主机的问题。

巩固与提高

请按照图 9-9 所示网络拓扑图搭建网络,并采用 OSPF 动态路由协议解决网络中的路由问题,IP 地址规划如表 9-6 所示。

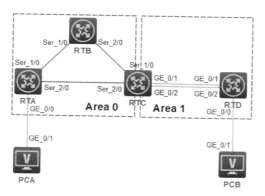

图 9-9   网络拓扑图

表 9-6   IP 地址规划列表

设 备 名 称	接 口	IP 地址	网 关
RTA	GE0/0	172.16.0.254/24	—
	S1/0	172.16.1.1/24	—
	S2/0	172.16.3.1/24	—
RTB	S1/0	172.16.1.2/24	—
	S2/0	172.16.2.1/24	—
RTC	S1/0	172.16.2.2/24	—
	S2/0	172.16.3.2/24	—
	GE0/1	172.16.4.1/24	—
	GE0/2	172.16.5.1/24	—
RTD	GE0/0	172.16.6.254/24	—
	GE0/1	172.16.4.2/24	—
	GE0/2	172.16.5.2/24	—
PCA	—	172.16.0.1/24	172.16.0.254/24
PCB	—	172.16.6.1/24	172.16.6.254/24

项目 *10*

配置 VLAN 间路由

知识目标

- 熟悉单臂路由的配置；
- 掌握三层交换机路由的配置方法。

能力目标

- 熟练进行单臂路由的配置；
- 熟练使用三层交换机实现 VLAN 间路由配置。

项目背景

　　启用 VLAN 技术后，解决了网络中广播风暴、网络安全和灵活组网等问题，但是不同 VLAN 之间无法通信了。为了保证网络中全网之间的互连互通，需要采用三层技术解决不同局域网之间的通信问题。

　　对路由器而言，无须任何路由配置，即可获得其直连网段的路由。路由器最初始的功能是在若干局域网之间直接提供路由功能，VLAN 间路由就是这一功能的直接体现。三层交换机可以根据 VLAN 标号而不是使用 IP 地址来区分不同网段的数据包，从而提高了数据的传输效率，更加符合实际需求，因而被广泛使用。理解 VLAN 间路由是理解各种复杂网络路由的基础，也是构建小型网络的基础。

任务 1 基于单臂路由实现的 VLAN 间路由

➡ 任务描述

校园网中教务部和科研部的主机通过同一台二层交换机接入 Internet。为了解决广播风暴等问题，在交换机上按部门进行了 VLAN 划分。由于两个部门之间的业务沟通比较频繁，所以需要在三层网络设备上做适当配置来实现两个部门之间的资源共享和数据传输。

➡ 任务分析

对于此项任务，可以通过三层设备来实现，本任务以路由器为例。根据任务描述，在二层交换机上进行 VLAN 的划分，再在二层交换机上连路由器，借助 802.1Q 和子接口实现 VLAN 间路由。单臂路由网络拓扑图如图 10-1 所示。

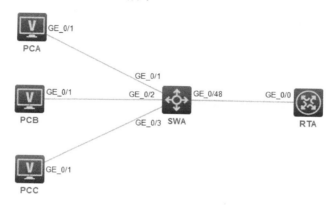

图 10-1 单臂路由网络拓扑图

➡ 任务实施

步骤一：建立物理连接

按照图 10-1 进行连接，并按照表 10-1 进行主机 IP 地址配置。

实验视频

表 10-1 IP 地址配置

设 备 名 称	接　　口	IP 地 址	网　　关
RTA	GE0/0.1	192.168.1.254/24	—
	GE0/0.2	192.168.2.254/24	—
	GE0/0.3	192.168.3.254/24	—
PCA	—	192.168.1.1/24	192.168.1.254/24
PCB	—	192.168.2.1/24	192.168.2.254/24
PCC	—	192.168.3.1/24	192.168.3.254/24

步骤二：进入系统视图并改名

配置 SWA：

```
<H3C>system-view
System View: return to User View with Ctrl+Z.
[H3C]sysname SWA
```

配置 RTA：

```
<H3C>system-view
System View: return to User View with Ctrl+Z.
[H3C]sysname RTA
```

步骤三：配置 SWA 的 VLAN 划分

```
[SWA]vlan 10
[SWA-vlan10]vlan 20
[SWA-vlan20]vlan 30
[SWA-vlan30]quit
[SWA]interface GigabitEthernet 1/0/1
[SWA-GigabitEthernet1/0/1]port link-type access
[SWA-GigabitEthernet1/0/1]port access vlan 10
[SWA-GigabitEthernet1/0/1]quit
[SWA]interface GigabitEthernet 1/0/2
[SWA-GigabitEthernet1/0/2]port link-type access
[SWA-GigabitEthernet1/0/2]port access vlan 20
[SWA-GigabitEthernet1/0/2]quit
[SWA]interface GigabitEthernet 1/0/3
[SWA-GigabitEthernet1/0/3]port link-type access
[SWA-GigabitEthernet1/0/3]port access vlan 30
[SWA-GigabitEthernet1/0/3]quit
[SWA]interface GigabitEthernet 1/0/48
[SWA-GigabitEthernet1/0/48]port link-type trunk
[SWA-GigabitEthernet1/0/48]port trunk permit vlan all
[SWA-GigabitEthernet1/0/48]quit
```

步骤四：配置 RTA 的子接口

```
[RTA]interface GigabitEthernet 0/0.1
[RTA-GigabitEthernet0/0.1]ip address 192.168.1.254 24
[RTA-GigabitEthernet0/0.1]vlan-type dot1q vid 10
[RTA-GigabitEthernet0/0.1]quit
[RTA]interface GigabitEthernet 0/0.2
[RTA-GigabitEthernet0/0.2]ip address 192.168.2.254 24
[RTA-GigabitEthernet0/0.2]vlan-type dot1q vid 20
[RTA-GigabitEthernet0/0.2]quit
[RTA]interface GigabitEthernet 0/0.3
[RTA-GigabitEthernet0/0.3]ip address 192.168.3.254 24
[RTA-GigabitEthernet0/0.3]vlan-type dot1q vid 30
[RTA-GigabitEthernet0/0.3]quit
```

步骤五：验证 VLAN 间路由

测试 PCA 与 PCB 之间的连通性，结果如图 10-2 所示。

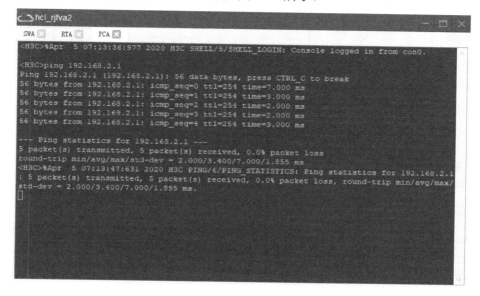

图 10-2 PCA ping PCB 的结果

从 ping 测试结果可以看出，PCA 和 PCB 可以互通。同理，可测得 PCA 和 PCC 也是互通的。

相关知识

讲课视频

（一）单臂路由概述

使用路由器实现 VLAN 间的通信时，路由器与交换机的连接方式有两种：一是路由器的不同物理接口与交换机上的每个 VLAN 分别连接；二是路由器的一个物理接口与交换机相连，通过此接口的逻辑子接口实现与交换机的各个 VLAN 连接。

很显然，第一种方式管理上简单，但部署成本高、网络扩展难度大，同时造成了路由器上为数不多的 LAN 接口在利用上的浪费。第二种简化了连接方式，避免了第一种存在的问题，其使用 802.1Q 封装和子接口，通过一条物理链路实现 VLAN 间路由。这种方式也被形象地称为"单臂路由"。

交换机的端口链路类型有 Access 和 Trunk，其中，Access 端口仅允许一个 VLAN 的数据帧通过，而 Trunk 端口能够允许多个 VLAN 的数据帧通过。单臂路由正是利用 Trunk 端口允许多个 VLAN 的数据帧通过而实现的。

图 10-3 是基于单臂路由实现 VLAN 间路由的示意图。当二层交换机所连接的两个不同 VLAN 的主机互相通信时，其中一个 VLAN 的主机发送的数据帧到达交换机，而交换机会打上该 VLAN 的标签，通过公共 Trunk 链路发送给路由器。路由器收到此数据帧后，根据数据帧中所携带的 VLAN 标签值，交给具有对应 VLAN 标签值的子接口处理，将数据帧中的 VLAN 标签剥离。接下来路由器解封装至 IP 层，通过查找路由表，确定出接口（子接口），并根据此子接口的 VLAN 标签值，将数据包封装成以太网帧并打上此 VLAN 标签后从此子接口发出，当数据帧到达二层交换机后，二层交换机即可将其转发给目的主机。

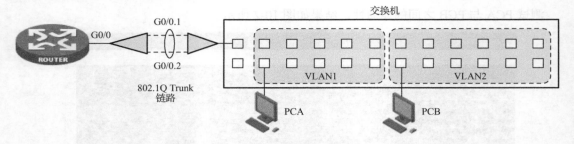

图 10-3　基于单臂路由实现的 VLAN 间路由

（二）单臂路由配置

● 创建逻辑子接口

[H3C]interface interface-type interface-number

interface-type 为接口类型，interface-number 为子接口编号。子接口编号是建立在物理接口编号基础上的，是对物理编号的细化。比如，物理接口编号为 0/0，则子接口编号一般为 0/0.1、0/0.2 等，子接口编号的取值范围为 1～4094。需要注意的是，当采用三层交换机实现单臂路由时，交换机的物理接口模式首先应该被调整成路由模式，然后才能创建子接口。

● 子接口封装 802.1Q 协议

[H3C-GigabitEthernet0/0.1]vlan-type dot1q vid vlan-id

vlan-id 是为此子接口配置的 VLAN 标签值。

任务 2　基于三层交换机实现的 VLAN 间路由

任务描述

为了解决校园网络中的广播风暴等问题，在交换机上按功能部门进行了 VLAN 划分。由于部门之间的业务交互比较频繁，需要在三层网络设备上做适当配置来实现部门之间及各部门和服务器之间的数据传输。

任务分析

对于此项任务，可以通过三层设备来实现。相比交换机，路由器的数据包处理能力是较弱的；特别是在交换网络中，路由器可能会成为网络中的转发瓶颈。因此本任务采用三层交换机来实现，开启交换机接口的路由功能完成 VLAN 间路由，其网络拓扑图如图 10-4 所示。

图 10-4　基于三层交换机实现的 VLAN 间路由

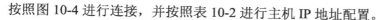

任务实施

步骤一：建立物理连接

按照图 10-4 进行连接，并按照表 10-2 进行主机 IP 地址配置。

实验视频

表 10-2 IP 地址配置

设 备 名 称	接 口	IP 地址	网 关	备 注
SWB	SVI 10	192.168.1.254/24	—	
	SVI 20	192.168.2.254/24	—	
	SVI 30	192.168.3.254/24	—	
PCA	—	192.168.1.1/24	192.168.1.254/24	归属 VLAN10
PCB	—	192.168.2.1/24	192.168.2.254/24	归属 VLAN20
Server	—	192.168.3.1/24	192.168.3.254/24	归属 VLAN30

步骤二：进入系统视图并改名

配置 SWA：

```
<H3C>system-view
System View: return to User View with Ctrl+Z.
[H3C]sysname SWA
```

配置 SWB：

```
<H3C>system-view
System View: return to User View with Ctrl+Z.
[H3C]sysname SWB
```

步骤三：配置 VLAN 划分

配置 SWA：

```
[SWA]vlan 10
[SWA-vlan10]vlan 20
[SWA-vlan20]quit
[SWA]interface GigabitEthernet 1/0/1
[SWA-GigabitEthernet1/0/1]port link-type access
[SWA-GigabitEthernet1/0/1]port access vlan 10
[SWA-GigabitEthernet1/0/1]quit
[SWA]interface GigabitEthernet 1/0/2
[SWA-GigabitEthernet1/0/2]port link-type access
[SWA-GigabitEthernet1/0/2]port access vlan 20
[SWA-GigabitEthernet1/0/2]quit
```

配置 SWB：

```
[SWC]vlan 30
[SWC-vlan30]quit
[SWC]interface GigabitEthernet 1/0/1
[SWC-GigabitEthernet1/0/1]port link-type access
```

```
[SWC-GigabitEthernet1/0/1]port access vlan 30
[SWC-GigabitEthernet1/0/1]quit
```

步骤四：配置 Trunk 端口

配置 SWA：

```
[SWA]interface GigabitEthernet 1/0/48
[SWA-GigabitEthernet1/0/48]port link-type trunk
[SWA-GigabitEthernet1/0/48]port trunk permit vlan all
[SWA-GigabitEthernet1/0/48]quit
```

配置 SWB：

```
[SWB]interface GigabitEthernet 1/0/48
[SWB-GigabitEthernet1/0/48]port link-type trunk
[SWB-GigabitEthernet1/0/48]port trunk permit vlan all
[SWB-GigabitEthernet1/0/48]quit
```

步骤五：配置 SVI 地址

```
[SWB]vlan 10
[SWB-vlan10]vlan 20
[SWB-vlan20]quit
[SWB]interface Vlan-interface 10
[SWB-Vlan-interface10]ip address 192.168.1.254 24
[SWB-Vlan-interface10]quit
[SWB]interface Vlan-interface 20
[SWB-Vlan-interface20]ip address 192.168.2.254 24
[SWB-Vlan-interface20]quit
[SWB]interface Vlan-interface 30
[SWB-Vlan-interface30]ip address 192.168.3.254 24
[SWB-Vlan-interface30]quit
```

步骤六：验证基于 SVI 的 VLAN 间路由

查看 SWB 的 IP 接口的简明列表：

```
[SWB]display ip interface brief
*down: administratively down
(s): spoofing    (l): loopback
Interface              Physical Protocol IP Address       Description
MGE0/0/0               down      down      --             --
Vlan10                 up        up        192.168.1.254  --
Vlan20                 up        up        192.168.2.254  --
Vlan30                 up        up        192.168.3.254  --
```

测试 PCA 与 PCB 之间的连通性，结果如图 10-5 所示。从 ping 测试结果可以看出，PCA 和 PCB 可以互通。同样可测得 PCA、PCB 和 Server 之间也是可以互通的。

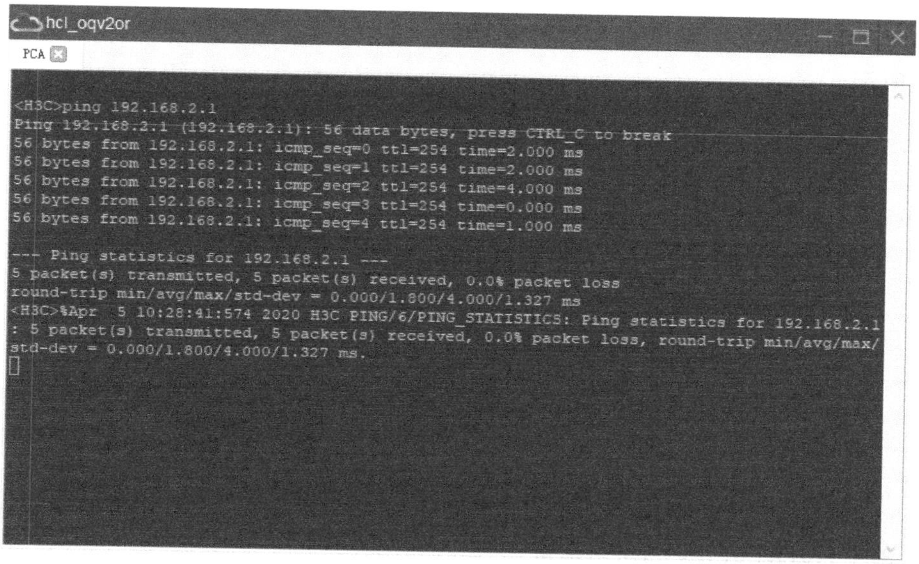

图 10-5　PCA ping PCB 的结果

相关知识

（一）三层交换技术概述

三层交换是相对于传统的二层交换而言的。众所周知，传统的二层交换技术工作在 OSI 参考模型中的第二层（数据链路层），实现的是数据帧的交换；三层交换技术则工作在 OSI 参考模型中的第三层（网络层），实现的是数据包的存储转发。简单来说，三层交换技术就是在二层交换技术的基础上增加了三层路由功能，是二者的有机结合。三层交换技术的出现改变了局域网中网段划分之后网段中的子网必须依赖路由器进行管理的局面，解决了传统路由器低速、复杂所造成的网络瓶颈问题。

三层交换机通过内置的三层路由转发引擎在 VLAN 间进行路由转发。图 10-6 是通过三层交换机实现 VLAN 间路由的示意图。三层交换机系统为每个 VLAN 创建一个虚拟的三层 VLAN 接口，这个接口像路由器接口一样工作，接收和转发 IP 报文。三层 VLAN 接口连接到三层路由转发引擎上，通过转发引擎在三层 VLAN 接口间转发数据。

三层交换机的工作过程如下：

（1）如果是同一 VLAN 内的主机之间进行通信，则直接按照二层转发进行。源主机首先通过 ARP 请求获得目的主机的 MAC 地址，然后将数据包发送至交换机。交换机接收到数据包后，通过查询 MAC 地址表，将数据包从相应端口转发至目的主机。

（2）如果是不同 VLAN 的主机之间进行通信。源主机首先通过 ARP 请求获得网关（本主机所属 VLAN 的虚拟接口地址）的 MAC 地址，然后直接将数据包发往网关。当交换机收到数据包时，由于目的 MAC 地址是交换机的 MAC 地址，故此时会把该数据包送给交换芯片的三层路由转发引擎处理。交换芯片查询转发路由表，如果有匹配项，则将数据包从对应端口转发至目的主机；如果没有匹配项，则会进一步交给 CPU 通过软件路由获得通往目的主机的路由表项，并写入三层硬件转发路由表中，将数据包转发至目的主机。后续二者之间的通信直接通过三层硬件转发表进行，无须再次路由，这就是三层交换机的"一次路由，多次交换"功能，从而大大提高了数据包的转发速度。通过三层交换机实现 VLAN 间路由的情况如图 10-6 所示。

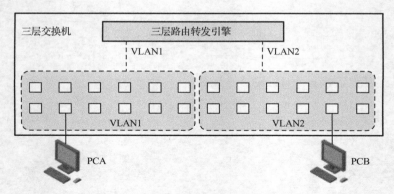

图 10-6　通过三层交换机实现 VLAN 间路由

（二）基于 SVI 的 VLAN 间路由配置

● 创建或进入 SVI

[H3C]interface vlan-interface *vlan-id*

vlan-id 为 VLAN 编号。

● 配置端口链路工作模式

[H3C-GigabitEthernet1/0/1]port link-mode {route|bridge}

route 为路由模式，配置成 route 模式的交换机端口工作在三层才可以配置 IP 地址；bridge 为桥接模式，配置成 bridge 模式的交换机端口工作在二层。

● 查看 IP 接口的简明列表：

[H3C]display ip interface brief

小　结

● VLAN 间路由可以通过单臂路由和三层交换机 SVI 的方式实现。
● 在三层交换机上可以配置 RIP 和 OSPF 路由协议，配置方法与路由器的配置方法相似，但需要注意的是，在三层交换机上配置 RIPv2 时，没有关闭路由自动汇总的命令。

巩固与提高

请按照图 10-7 所示网络拓扑图搭建网络，PCA 归属 VLAN10，PCB 归属 VLAN20，要求在二层和三层交换机上进行 VLAN 相关配置，在三层交换机和路由器上进行路由相关配置，实现不同 VLAN 主机的互访及对 Server 的访问。IP 地址规划参考表 10-3。

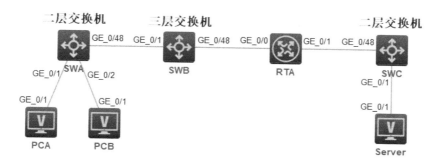

图 10-7 网络拓扑图

表 10-3 IP 地址规划列表

设 备 名 称	接 口	IP 地址	网 关	备 注
SWB	SVI 10	172.16.0.254/24	—	
	SVI 20	172.16.1.254/24	—	
	GE1/0/48	172.16.2.1/24	—	三层接口
RTA	GE0/0	172.16.2.2/24	—	
	GE0/1	172.16.3.254/24	—	
PCA	—	172.16.0.1/24	172.16.0.254/24	归属 VLAN10
PCB	—	172.16.1.1/24	172.16.1.254/24	归属 VLAN20
Server	—	172.16.3.1/24	172.16.3.254/24	归属 VLAN30

项目 11

配置 ACL 包过滤

知识目标

- 掌握访问控制列表的工作原理；
- 掌握访问控制列表的分类及应用；
- 掌握采用访问控制列表进行包过滤的注意事项。

能力目标

- 熟练进行基本 ACL 的配置；
- 熟练进行高级 ACL 的配置。

项目背景

现代社会科学技术日益发展，信息互联网连接万物，生活中的方方面面都离不开网络。各机关企事业单位都在组建和发展自己的网络，并连接到互联网上，以充分共享、利用网络的信息和资源。但是，网络在带给人们便捷的同时，也带来了诸如网络安全等负面问题。要增强网络的安全性，网络设备需要具备控制某些访问或某些数据的能力。ACL 包过滤就是一种被广泛使用的网络安全技术。

任务1 配置基本 ACL

任务描述

学校的财务部和其他部门分属不同的网段，部门之间通过路由器进行信息传递。作为网络管理员，为了财务安全，需要对网络的数据流量进行控制，从而实现审计部可以访问财务部主机，其他部门主机之间可以互访，但都不能访问财务部主机。

任务分析

本任务主要通过在路由器上实施基本 ACL 来禁止其他主机访问财务部所在网段。首先对路由器进行基本配置，实现各部门之间可以互相访问。然后对距离财务部较近的路由器配置基本 ACL，允许审计部主机发出的数据包通过，拒绝其他主机发来的数据包。网络拓扑图如图 11-1 所示。

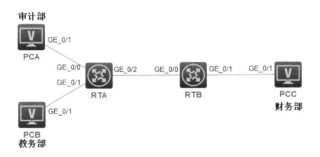

图 11-1 配置基本 ACL 网络拓扑图

任务实施

步骤一：建立物理连接

按照图 11-1 进行连接，并按照表 11-1 进行主机 IP 地址配置。

实验视频

表 11-1 IP 地址列表

设 备 名 称	接 口	IP 地 址	网 关
RTA	GE0/0	192.168.1.254/24	—
	GE0/1	192.168.2.254/24	—
	GE0/2	192.168.3.1/24	—
RTB	GE0/0	192.168.3.2/24	—
	GE0/1	192.168.4.254/24	—
PCA	—	192.168.1.1/24	192.168.1.254/24
PCB	—	192.168.2.1/24	192.168.2.254/24
PCC	—	192.168.4.1/24	192.168.4.254/24

步骤二：路由器基本配置

配置 RTA：

```
<H3C>system-view
System View: return to User View with Ctrl+Z.
[H3C]sysname RTA
[RTA]interface GigabitEthernet 0/0
[RTA-GigabitEthernet0/0]ip address 192.168.1.254 24
[RTA-GigabitEthernet0/0]quit
[RTA]interface GigabitEthernet 0/1
[RTA-GigabitEthernet0/1]ip address 192.168.2.254 24
[RTA-GigabitEthernet0/1]quit
[RTA]interface GigabitEthernet 0/2
[RTA-GigabitEthernet0/2]ip address 192.168.3.1 24
[RTA-GigabitEthernet0/2]quit
```

配置 RTB：

```
<H3C>system-view
System View: return to User View with Ctrl+Z.
[H3C]sysname RTB
[RTB]interface GigabitEthernet 0/0
[RTB-GigabitEthernet0/0]ip address 192.168.3.2 24
[RTB-GigabitEthernet0/0]quit
[RTB]interface GigabitEthernet 0/1
[RTB-GigabitEthernet0/1]ip address 192.168.4.254 24
[RTB-GigabitEthernet0/1]quit
```

步骤三：配置路由

可自己选择在路由器上配置静态路由或任一种动态路由，来达到全网互通。这里采用 RIP 协议，配置如下：

配置 RTA：

```
[RTA]rip
[RTA-rip-1]network 192.168.1.0
[RTA-rip-1]network 192.168.2.0
[RTA-rip-1]network 192.168.3.0
[RTA-rip-1]quit
```

配置 RTB：

```
[RTB]rip
[RTB-rip-1]network 192.168.3.0
[RTB-rip-1]network 192.168.4.0
[RTB-rip-1]quit
```

步骤四：检测 PC 之间的可达性

在 PCA 上通过 ping 命令来验证 PCA、PCB 和 PCC 之间的互通性，图 11-2 显示了 PCB 与 PCC 之间的测试结果。

可以看出，PCB 与 PCC 之间是可以互通的，其他主机之间可同步测试，这里不做结果展示。

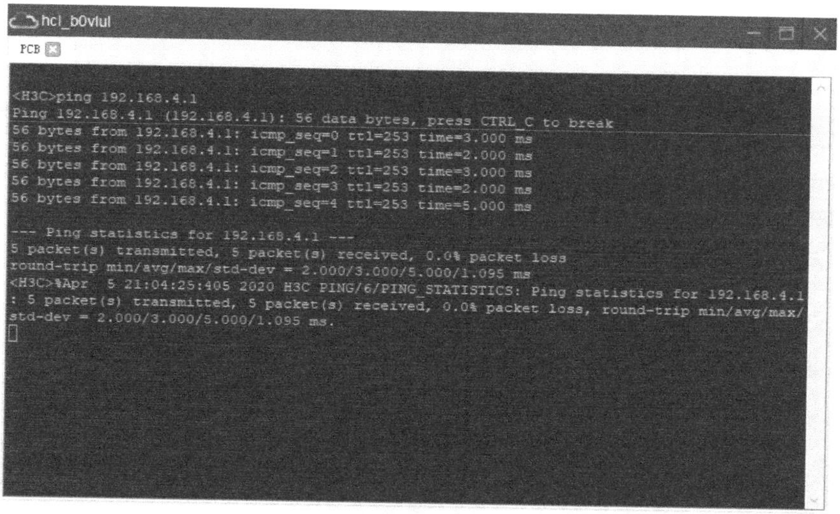

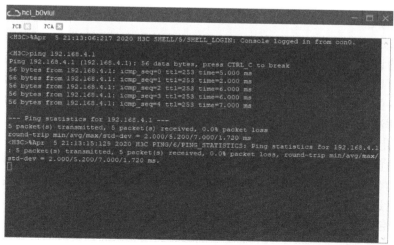

图 11-2　PCB ping PCC 的结果

步骤五：配置基本 ACL 并应用

在路由器 RTB 上定义 ACL 如下：

```
[RTB]access-list basic 2001
[RTB-acl-ipv4-basic-2001]rule permit source 192.168.1.0 0.0.0.255
[RTB-acl-ipv4-basic-2001]rule deny source any
[RTB-acl-ipv4-basic-2001]quit
```

在 RTB 的 GigabitEthernet0/1 上应用 ACL：

```
[RTB]interface GigabitEthernet 0/1
[RTB-GigabitEthernet0/1]packet-filter 2001 outbound
[RTB-GigabitEthernet0/1]quit
```

步骤六：验证防火墙的作用

在 PCA 上使用 ping 命令来测试从 PCA 到 PCC 的可达性，结果显示是可达的，如图 11-3 所示。

图 11-3　PCA ping PCC 的结果

在 PCB 上使用 ping 命令来测试从 PCB 到 PCC 的可达性，结果显示是不可达的，如图 11-4 所示。

```
hcl_b0vlul                                                          —  □  ×
PCB      PCA

<H3C>ping 192.168.4.1
Ping 192.168.4.1 (192.168.4.1): 56 data bytes, press CTRL_C to break
Request time out
Request time out
Request time out
Request time out
Request time out

--- Ping statistics for 192.168.4.1 ---
5 packet(s) transmitted, 0 packet(s) received, 100.0% packet loss
<H3C>%Apr  5 21:13:08:688 2020 H3C PING/6/PING_STATISTICS: Ping statistics for 192.168.4.1
: 5 packet(s) transmitted, 0 packet(s) received, 100.0% packet loss.
```

图 11-4　PCB ping PCC 的结果

可以看出，实现了审计部对财务部主机的访问，而其他部门则不能访问财务部。

同时，在 RTB 上通过命令行来查看 ACL 及包过滤防火墙的状态和统计：

```
[RTB]display acl 2001
Basic IPv4 ACL 2001, 2 rules,
ACL's step is 5
  rule 0 permit source 192.168.1.0 0.0.0.255 (1 times matched)
  rule 5 deny (9 times matched)
```

可以看到，有数据报文命中了 ACL 中定义的规则。

➲ 相关知识

（一）ACL 概述

讲课视频

ACL（Access Control List，访问控制列表）是在交换机和路由器上常用的一种防火墙技术，用来实现数据的识别。为了实现数据识别，网络设备需要配置一系列的匹配条件对报文进行分类，这些条件可以是报文的源地址、目的地址、端口号、协议类型等。ACL 根据定义的规则对经过网络设备的数据包进行过滤，即允许或拒绝数据包通过。这样就实现了合法用户访问网络资源，避免非法用户访问。

ACL 的应用非常广泛，其可以实现包过滤防火墙的功能，允许合法用户的报文通过，拒绝非法用户的访问；也可以用在网络地址转换中，规定哪些数据包需要进行地址转换；还可以用于服务质量的数据分类中，对不同类别的数据提供有差别的服务；以及可以用在路由策略中，以便对路由信息进行过滤。

（二）ACL 包过滤工作原理

ACL 是由一系列的规则组成的，每条规则都定义了一个匹配条件及要执行的操作。匹配条件主要包括数据包的源 IP 地址、目的 IP 地址、协议号、源端口号、目的端口号等；执行的操作有允许和拒绝。包过滤防火墙功能就是通过引用ACL，并将其应用在接口上实现的。ACL在接口上的应用分为入方向和出方向，入方向只对进入此接口的数据进行过滤，出方向只对从此接口发出的数据进行过滤。如果该接口在该方向上没有配置包过滤防火墙，则数据包就不会被过滤，而直接通过。

当路由器从某个接口收到一个数据包时，如果该接口入方向上没有启动ACL包过滤，则数据包直接被提交给路由转发进程去处理；如果该接口入方向上启动了ACL包过滤，则将数据包交给入站防火墙进行过滤。当数据包到达出接口时，如果该接口处方向上没有启动ACL包过滤，则直接将数据包发出；如果该接口处方向上启动了ACL包过滤，则将数据包交给出站防火墙进行过滤。具体包过滤工作流程如图11-5所示。

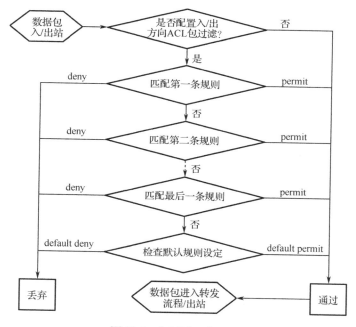

图11-5 包过滤工作流程

（1）用数据包中的信息去匹配ACL中规则的条件，从第一条规则开始：
● 如果数据包信息符合此规则的条件，则执行规则所设定的动作，不再查询剩余的规则。若动作为permit，则允许此数据包通过，并将其提交给路由转发进程去处理或直接发出；若动作为deny，则将其丢弃。
● 如果数据包中的信息不符合此规则的条件，则继续尝试匹配下一条ACL规则。
（2）如果查询完毕所有规则，数据包信息都不符，则执行防火墙默认规则的动作。若默认动作为permit，则允许此数据包通过并进入转发流程或直接发出；若动作为deny，则将其丢弃。

在上述包过滤的工作流程中需要逐条查询ACL规则。每条规则都指定不同的报文匹配选项，可能存在执行操作上的冲突，匹配顺序的先后直接影响执行结果，所以ACL匹配是有顺序要求的。ACL规则的匹配顺序有如下两种。
（1）配置顺序：按照用户配置规则的先后顺序进行匹配。
（2）自动顺序：按照"深度优先"的顺序进行匹配，即优先考虑地址范围小的规则。
当匹配到其中一条规则时，按照此规则设定的动作进行处理，不再查询其他规则，所以在制定 ACL 规则时，规则的先后顺序非常重要。一般先配置最严格的条件，后配置宽松的条件。

（三）ACL 分类

根据所过滤数据包类型的不同，MSR 路由器上的 ACL 包含 IPv4 ACL 和 IPv6 ACL。如无特别声明，本书所称的 ACL 均指 IPv4 ACL。根据制定规则依据的不同，ACL 可以分为如下几种类型，如表 11-2 所示。

表 11-2　ACL 的类型

ACL 分类	编号范围	说　明
基本 ACL	2000～2999	根据报文的源 IP 地址制定规则
高级 ACL	3000～3999	根据报文源 IP 地址、目的 IP 地址、IP 承载的协议类型等信息制定规则
基于二层的 ACL	4000～4999	根据报文的源 MAC 地址、目的 MAC 地址、VLAN 优先级、二层协议类型等制定规则

（四）基本 ACL

因为基本访问控制列表是根据报文的源 IP 地址信息制定规则的，所以比较适用于过滤从特定网络来的报文的情况。

图 11-6 展示了一个基本 ACL 的示例。其拒绝来自 192.168.1.0/24 网段的数据包，而允许来自 192.168.2.0/24 网段的数据包通过。可以定义一个基本 ACL，包含两条规则，其中一条规则匹配源 IP 地址 192.168.1.0/24，动作为 deny；而另一条规则匹配源 IP 地址 192.168.2.0/24，动作为 permit。

图 11-6　基本 ACL 示例

（五）配置 ACL

● 创建基本 ACL

[H3C]access-list basic {*acl-number*|**name** *acl-name*}

一个 ACL 的标识可以是编号，也可以为其指定一个名称。基本 ACL 编号的取值范围为 2000～2999。acl-name 为 1～63 个字符组成的字符串。命名 ACL 的好处是容易记忆，便于维护。

● 定义基本 ACL 规则

[H3C-acl-ipv4-basic-2000]rule [*rule-id*] {**deny**|**permit**} [**fragment**|**logging**| **source** {*sour-address sour-wildcard* |**any**}| **time-range** *time-name*]

主要参数说明如下：

（1）rule-id 为本条 ACL 规则的编号，取值范围为 0～65534，如省略，则系统自动编号；

（2）deny 为拒绝符合条件的报文通过，permit 为允许符合条件的报文通过；

（3）fragment 表示此规则仅对非首片分片报文有效，其他报文无效；

（4）logging 是对符合条件的报文记录日志信息；

（5）sour-address 为报文的源 IP 地址，sour-wildcard 表示通配符掩码，any 表示任意源 IP 地址；

（6）time-range 指定规则生效的时间段，time-name 是时间段名，是以 a～z 或 A～Z 开头的 1～32 个字符组成的字符串。

- 在接口上应用 ACL

[H3C-GigabitEthernet0/1]packet-filter {*acl-number*|**name** *acl-name*} {**inbound** |**outbound**}

inbound 为将 ACL 应用在接口的入方向上，outbound 为将 ACL 应用在接口的出方向上。

- 配置 ACL 的匹配顺序

[H3C]acl {**basic**|**advanced**} *acl-number* **match-order** {**auto**|**config**}

auto 为自动排序，按照"深度优先"顺序进行规则匹配；config 为配置顺序，按照用户配置规则的先后顺序进行规则匹配。系统默认的匹配顺序是 config。

- 显示配置的 IPv4 ACL 信息

[H3C]display acl {*acl-number*|**all**}

任务2　配置高级 ACL

任务描述

学校的网络中心网络设备可以提供远程登录功能，出于对网络安全的考虑，允许固定地址的远程登录报文通过，而拒绝其他远程登录请求。作为网络管理员，需要对网络的数据流量进行控制，请实现这一需求。

任务分析

本任务要过滤的是 TCP 数据流（Telnet），需要使用协议端口号来识别源发出的 TCP 数据报文，因此需要使用高级 ACL 进行流量控制。为了简化起见，本任务以 RTB 作为 Telnet 服务器，PCA 为允许远程登录的主机，RTA 模拟其他设备远程登录 RTB。由于是对所有远程登录 RTB 的数据流量进行控制，因此 ACL 需要部署在 RTB 所有接口的入方向上。配置高级 ACL 网络拓扑图如图 11-7 所示。

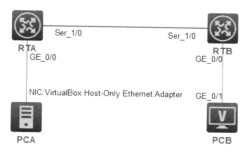

图 11-7　配置高级 ACL 网络拓扑图

实验视频

任务实施

步骤一：建立物理连接

按照图 11-7 进行连接。并按照表 11-3 进行主机 IP 地址配置。

表 11-3　IP 地址列表

设　备　名　称	接　　口	IP 地址	网　　关
RTA	GE0/0	192.168.1.254/24	—
	S1/0	192.168.2.1/24	—
RTB	GE0/0	192.168.3.254/24	—
	S1/0	192.168.2.2/24	—
PCA	—	192.168.1.1/24	192.168.1.254/24
PCB	—	192.168.3.1/24	192.168.3.254/24

步骤二：路由器基本配置

配置 RTA：

```
<H3C>system-view
System View: return to User View with Ctrl+Z.
[H3C]sysname RTA
[RTA]interface GigabitEthernet 0/0
[RTA-GigabitEthernet0/0]ip address 192.168.1.254 24
[RTA-GigabitEthernet0/0]quit
[RTA]interface Serial 1/0
[RTA-Serial1/0]ip address 192.168.2.1 24
[RTA-Serial1/0]quit
```

配置 RTB：

```
<H3C>system-view
System View: return to User View with Ctrl+Z.
[H3C]sysname RTB
[RTB]interface GigabitEthernet 0/0
[RTB-GigabitEthernet0/0]ip address 192.168.3.254 24
[RTB-GigabitEthernet0/0]quit
[RTB]interface Serial 1/0
[RTB-Serial1/0]ip address 192.168.2.2 24
[RTB-Serial1/0]quit
```

步骤三：配置路由

可自己选择在路由器上配置静态路由或任一种动态路由，来达到全网互通的目的。这里采用 RIP 协议，配置如下：

配置 RTA：

```
[RTA]rip
[RTA-rip-1]network 192.168.1.0
[RTA-rip-1]network 192.168.2.0
```

[RTA-rip-1]quit

配置 RTB：

[RTB]rip
[RTB-rip-1]network 192.168.2.0
[RTB-rip-1]network 192.168.3.0
[RTB-rip-1]quit

至此，两台 PC 之间应该能够互通了，请自行测试。

步骤四：在 RTB 上启用 Telnet 服务并配置密码

[RTB]telnet server enable
[RTB]line vty 0 4
[RTB-line-vty0-4]authentication-mode password
[RTB-line-vty0-4]set authentication password simple 123

步骤五：测试 PCA 和 RTA 远程登录 RTB 的情况

在 PCA 和 RTA 上 telnet RTB 的任一接口的 IP 地址，此处为 telnet 192.168.2.2，结果如图 11-8 和图 11-9 所示。

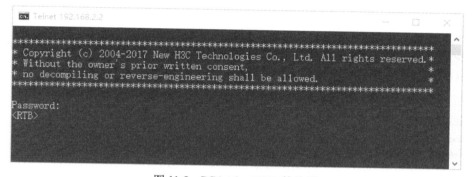

图 11-8　PCA telnet RTB 的结果

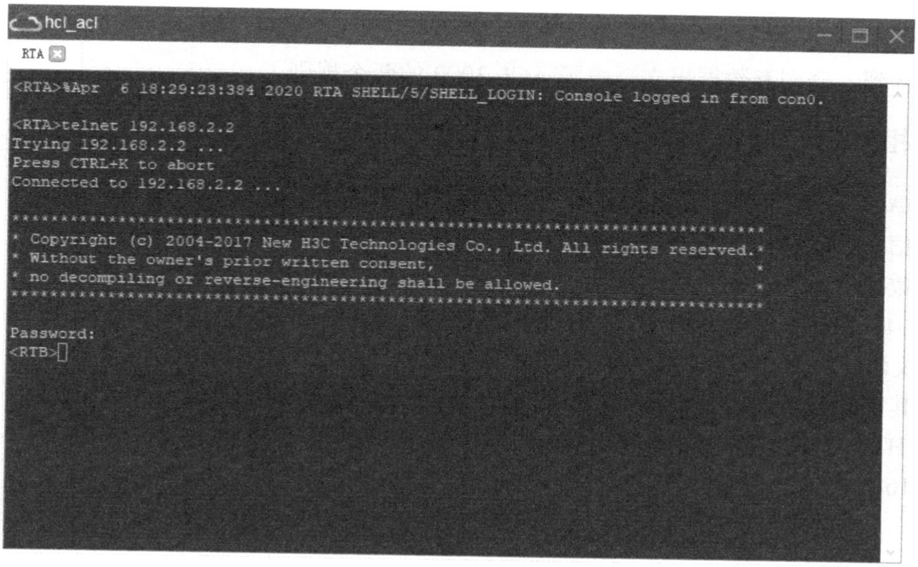

图 11-9　RTA telnet RTB 的结果

可以看出，均能够成功登录。

步骤六：配置高级 ACL 并应用

在路由器 RTB 上定义 ACL 如下：

```
[RTB]access-list advanced 3000
[RTB-acl-ipv4-adv-3000]rule permit tcp source 192.168.1.1 0 destination 192.168.2.2 0 destination-port eq telnet
[RTB-acl-ipv4-adv-3000]rule permit tcp source 192.168.1.1 0 destination 192.168.3.1 0 destination-port eq telnet
[RTB-acl-ipv4-adv-3000]rule deny tcp destination-port eq telnet
[RTB-acl-ipv4-adv-3000]quit
```

在 RTB 的 S1/0 和 GE0/1 的 inbound 方向上应用此 ACL：

```
[RTB]interface Serial 1/0
[RTB-Serial1/0]packet-filter 3000 inbound
[RTB-Serial1/0]quit
[RTB]interface GigabitEthernet 0/1
[RTB-GigabitEthernet0/1]packet-filter 3000 inbound
[RTB-GigabitEthernet0/1]quit
```

步骤七：验证防火墙的作用

按照步骤五重新测试 PCA 和 RTA 远程登录 RTB 的情况，结果应该是 PCA 依然可以 telnet 到 RTB 上，但是 RTA 已经无法 telnet 到 RTB 上。此处不再展示结果。

同时，在 RTA 上可以通过命令行来查看 ACL 及防火墙的状态和统计：

```
[RTB]display acl 3000
Advanced IPv4 ACL 3000, 3 rules,
ACL's step is 5
  rule 0 permit tcp source 192.168.1.1 0 destination 192.168.2.2 0 destination-port eq telnet (1 times matched)
  rule 5 permit tcp source 192.168.1.1 0 destination 192.168.3.1 0 destination-port eq telnet
  rule 10 deny tcp destination-port eq telnet (8 times matched)
```

可以看到，分别有数据报文命中了 ACL 3000 的两个规则。

➡ 相关知识

讲课视频

高级 ACL 是指根据数据包的源 IP 地址、目的 IP 地址、IP 承载的协议类型、端口号等信息制定规则来进行数据包过滤的 ACL，适用于过滤某些网络中的应用及精确的数据流。

图 11-10 展示了一个高级 ACL 的示例，其拒绝从网络 192.168.1.0/24 到 192.168.3.1/24 的 HTTP 协议访问，而允许从网络 192.168.1.0/24 到 192.168.2.1 的 Telnet 协议访问。可以定义高级 ACL：其中的一条规则匹配源 IP 地址 192.168.1.0/24、目的 IP 地址 192.168.3.1/24、目的 TCP 端口 80（HTTP）的数据包，动作为 deny；另一条规则匹配源 IP 地址 192.168.1.0/24、目的 IP 地址 192.168.2.1/24、目的 TCP 端口 23（Telnet）的数据包，动作为 permit。

图 11-10 高级 ACL 示例

配置高级 ACL：

● 创建高级 ACL

[H3C]access-list advanced {*acl-number*|**name** *acl-name*}

高级 ACL 编号的取值范围为 3000～3999。acl-name 为由 1～63 个字符组成的字符串。

● 定义高级 ACL 规则

[H3C-acl-advanced-3000]rule [*rule-id*] {**deny**|**permit**} *protocol* [**destination** {*dest-address dest-wildcard*|**any**}|**destination-port** *operator port1* [*port2*] **established** ||**fragment**|**source** {*sour-address sour-wildcard*|**any**}|**source-port** *operator port1* [*port2*]|**time-range** *time-name*]

主要参数说明如下：

（1）rule-id 为本条 ACL 规则的编号，取值范围为 0～65534，如省略，则系统自动编号；

（2）deny 为拒绝符合条件的报文通过，permit 为允许符合条件的报文通过；

（3）protocol 表示 IP 承载的协议类型，可以用数字表示，取值范围为 0～255，也可以用名字表示；

（4）operator 是端口操作符，取值可以为 eq（等于）、gt（大于）、lt（小于）、neq（不等于）或 range（在范围内，含边界值），只有 range 需要两个端口号，其他都是一个；

（5）port1 和 port2 是 TCP 或 UDP 端口号，可以用数字表示，取值范围为 0～65535，也可以用文字表示；

（6）established 是 TCP 连接建立标识，是 TCP 特有的参数；

（7）fragment 表示此规则仅对非首片分片报文有效，对其他报文无效；

（8）time-range 指定规则生效的时间段，而 time-name 是时间段名，是由以 a～z 或 A～Z 开头的 1～32 个字符组成的字符串。

小　结

● ACL 是在交换机和路由器上经常使用的一种防火墙技术，被广泛应用在包过滤防火墙、NAT、QoS、路由策略等；

● 基本 ACL 根据源 IP 地址进行过滤；高级 ACL 根据 IP 地址、IP 协议号、端口号等进行过滤；

● ACL 规则的匹配顺序会影响实际过滤结果；

● ACL 包过滤防火墙的配置位置应尽量避免不必要的流量进入网络。

巩固与提高

某公司网络拓扑图如图 11-11 所示，要求在路由器 RTA 上进行 ACL 策略的部署，使得公司分部能访问总部，即 PCB 能 ping 通 PCA，但分部不能访问总部服务器，即 PCB 不能 ping 通 Server。IP 地址规划如表 11-4 所示。

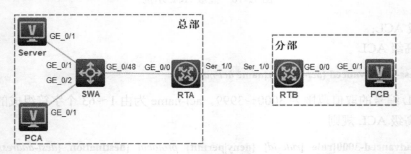

图 11-11 网络拓扑图

表 11-4 IP 地址规划列表

设 备 名 称	接　口	IP 地 址	网　关
RTA	GE0/0	172.16.0.254/24	—
	S1/0	172.16.1.1/24	—
RTB	GE0/0	10.0.0.254/24	—
	S1/0	172.16.1.2/24	—
Server	—	172.16.0.1/24	172.16.0.254/24
PCA	—	172.16.0.2/24	172.16.0.254/24
PCB	—	10.0.0.1/24	10.0.0.254/24

项目 *12*

配置 NAT

知识目标

● 掌握 NAT 的基本工作原理；
● 掌握 Basic NAT 的配置方法及用法；
● 掌握 NAPT 的配置方法及用法；
● 掌握 Easy IP 的配置方法及用法；
● 掌握 NAT Server 的配置方法及用法。

能力目标

● 熟练进行 Basic NAT 的配置；
● 熟练进行 NAPT 的配置；
● 熟练进行 Easy IP 的配置；
● 熟练进行 NAT Server 的配置。

项目背景

　　网络中任意两台主机之间进行通信都必须具有全球唯一的 IP 地址，当前的 Internet 主要基于 IPv4 协议。随着 Internet 技术的飞速发展，越来越多的用户加入 Internet 中，再加上 IPv4 地址分配不均等因素，多国 IPv4 地址的数量已经出现不足现象。为了缓解 IPv4 地址短缺的问题，NAT 解决方案应运而生。

任务 1   配置 Basic NAT

任务描述

某学校出口路由器通过串口连接到 ISP，ISP 给企业出口路由器接口分配的地址是 200.68.25.1/24，分配给学校的公网地址段是 200.68.25.11/24～200.68.25.20/24。作为学校的网络管理员，请你做合理配置使得学校主机能够访问公网服务。

任务分析

针对此任务，学校内部的主机配置私网地址，在 NAT 设备上配置 Basic NAT。当私网主机需要访问公网时，动态地由 NAT 设备分配公网地址。出于简化考虑，本任务组网由 2 台路由器（RTA、RTB）、2 台交换机（SWA、SWB）、3 台主机（PCA、PCB、Server）组成。PCA、PCB 位于私网，网关为 RTA，RTA 同时为 NAT 设备，有 1 个私网接口（GE0/0）和 1 个公网接口（S1/0），公网接口与公网路由器 RTB 互连，Server 位于公网，网关为 RTB。网络拓扑图如图 12-1 所示。

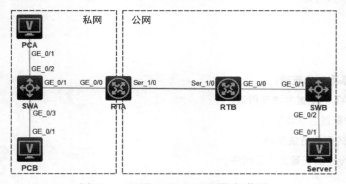

图 12-1   配置 Basic NAT 网络拓扑图

任务实施

步骤一：建立物理连接

按照图 12-1 进行连接，并按照表 12-1 进行主机和服务器 IP 地址的配置。

实验视频

表 12-1   IP 地址列表

设备名称	接口	IP 地址	网关
RTA	GE0/0	192.168.0.254/24	—
	S1/0	200.68.25.1/24	—
RTB	GE0/0	200.68.26.254/24	—
	S1/0	200.68.25.2/24	—
PCA	—	192.168.0.1/24	192.168.0.254/24
PCB	—	192.168.0.2/24	192.168.0.254/24
Server	—	200.68.26.1/24	200.68.26.254/24

步骤二：基本配置

配置 RTA：

```
<H3C>system-view
System View: return to User View with Ctrl+Z.
[H3C]sysname RTA
[RTA]interface GigabitEthernet 0/0
[RTA-GigabitEthernet0/0]ip address 192.168.0.254 24
[RTA-GigabitEthernet0/0]quit
[RTA]interface Serial 1/0
[RTA-Serial1/0]ip address 200.68.25.1 24
[RTA-Serial1/0]quit
```

配置 RTB：

```
<H3C>system-view
System View: return to User View with Ctrl+Z.
[H3C]sysname RTB
[RTB]interface GigabitEthernet 0/0
[RTB-GigabitEthernet0/0]ip address 200.68.26.254 24
[RTB-GigabitEthernet0/0]quit
[RTB]interface Serial 1/0
[RTB-Serial1/0]ip address 200.68.25.2 24
[RTB-Serial1/0]quit
```

步骤三：配置路由

为了给去往 Server 的数据包提供路由，在私网出口路由器 RTA 上需要配置一条静态路由，指向公网路由器 RTB，下一跳为 RTB 的接口 S1/0。

配置 RTA：

```
[RTA]ip route-static 0.0.0.0 0 200.68.25.2
```

步骤四：检查连通性

分别在 PCA 和 PCB 上 ping Server，此处以 PCA 为例，结果如图 12-2 所示。

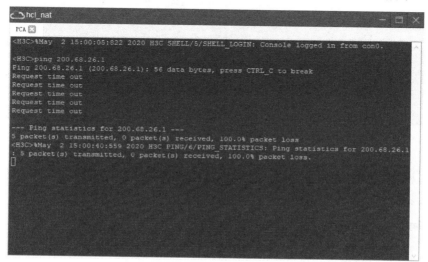

图 12-2　PCA ping Server 的结果

结果显示，从 PCA 无法 ping 通 Server，这是因为在公网路由器上不可能有私网路由，从 Server 回应的 ping 响应报文到 RTB 上，RTB 上的路由表无通往 192.168.0.0 网段的路由，响应报文被丢弃。

步骤五：配置 Basic NAT

在 RTA 上配置 Basic NAT：

```
[RTA]access-list basic 2000
[RTA-acl-ipv4-basic-2000]rule 0 permit source 192.168.0.0 0.0.0.255
[RTA-acl-ipv4-basic-2000]quit
[RTA]nat address-group 1
[RTA-address-group-1]address 200.68.25.11 200.68.25.20
[RTA-address-group-1]quit
[RTA]interface Serial 1/0
[RTA-Serial1/0]nat outbound 2000 address-group 1 no-pat
[RTA-Serial1/0]quit
```

由配置可见，在 RTA 上配置了公网地址池 address-group 1，地址范围为 200.68.25.11～200.68.25.20。参数 no-pat 表示使用一对一的地址转换，只转换数据包的地址而不转换端口信息。此时路由器 RTA 会对该接口上出方向并匹配 acl 2000 的流量做地址转换。

步骤六：再次检查连通性

从 PCA、PCB 分别 ping Server，能够 ping 通，PCA ping Server 的结果如图 12-3 所示。

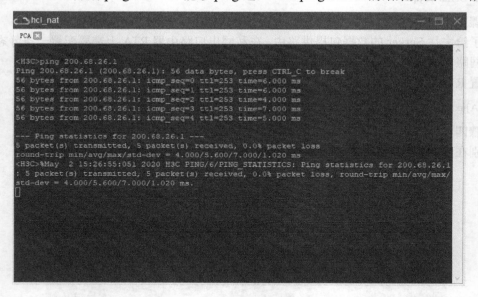

图 12-3　PCA ping Server 的结果

步骤七：检查 NAT 表项

完成上一步骤后，立即在 RTA 上检查 NAT 的表项：

```
[RTA]display nat session
Slot 0:
Initiator:
  Source        IP/port: 192.168.0.1/177
```

```
        Destination IP/port: 200.68.26.1/2048
        DS-Lite tunnel peer: -
        VPN instance/VLAN ID/Inline ID: -/-/-
        Protocol: ICMP(1)
        Inbound interface: GigabitEthernet0/0
Total sessions found: 1

[RTA]display nat no-pat
Slot 0:
Local    IP: 192.168.0.1
Global   IP: 200.68.25.12
Reversible: N
Type        : Outbound

Total entries found: 1
```

从显示信息中可以看出，该 ICMP 报文的源地址 192.168.0.1 已经转换成公网地址 200.68.25.12，源端口号为 177，目的端口号为 2048。一定时间以后再次观察此表项，发现表项全部消失，显示如下：

```
[RTA]display nat session
Slot 0:
Total sessions found: 0
```

这是因为 NAT 表项具有一定的老化时间（aging-time），一旦超过老化时间，NAT 会删除表项。

➡ 相关知识

（一）NAT 概述

讲课视频

NAT（Network Address Translation）是一种将私网 IP 地址转换为公网 IP 地址（全球唯一）的技术，被广泛应用于各种类型的 Internet 接入方式中。IP 地址分为公有地址和私有地址。

先来了解一下 NAT 的几个常用术语。

（1）公网：指使用公有 IP 地址空间的网络。公网也常常被称为全局网络或外部网络。相应地，公网使用的地址称为公有地址或全局地址。公有地址需要统一分配，用于全球范围内通信。

（2）私网：指使用私有 IP 地址空间的网络。私网也常常被称为本地网络或内部网络。相应地，私网使用的地址称为私有地址或本地地址。私有地址可以自由分配，用于私网内部通信。IPv4 单播地址中预留了 3 个地址段作为私有地址，分别是 10.0.0.0/8、172.16.0.0/12 和 192.168.0.0/16。

（3）NAT 设备：公网和私网相连接的设备。私有地址在 Internet 上是无法路由的，当采用私有地址的网络访问 Internet 时，需要将私有地址转换成公有地址，这里的转换设备即 NAT 设备，通常采用路由器实现。

图 12-4 展示了一个典型的 NAT 示例。其网络分为私网和公网，分别采用私网地址和公网地址，服务器部署在公网上，私网出口路由器作为 NAT 设备。当私网主机访问公网上的服务

器时，发出的数据包到达 NAT 设备，完成私网地址到公网地址的转换，并将映射关系写入 NAT 转换表，以便响应数据包能够被准确地送到对应私网主机中。

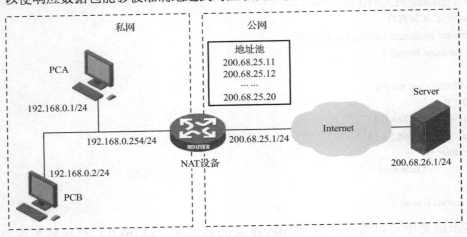

图 12-4　一个典型的 NAT 示例

NAT 的实现方式有多种，典型的包括如下几种。

（1）Basic NAT：对数据包的 IP 层参数进行转换，实现的是私有地址和公有地址的一对一映射，即一个公有地址在同一时刻只能被分配给一个私有地址。这种方式无法有效地缓解公网地址短缺的问题。

（2）NAPT：对数据包的 IP 地址、协议类型、传输层端口号同时进行转换，实现的是私有地址和公有地址的多对一映射，即一个公有地址在同一时刻可以被分配给多个私有地址，通过不同的端口号进行区分。这种方式可以显著提高公网地址的利用率，有效缓解公网地址不足的问题。

（3）Easy IP：转换方式与 NAPT 相同，是 NAPT 的一个特例。不同点在于 NAPT 需要事先创建好公网地址池，而 Easy IP 不需要创建公网地址池，可直接将 NAT 设备的公网接口 IP 地址作为转换后的源地址。这种方式不必事先配置公网地址池，适用于小规模局域网访问公网，或者动态获得 Internet 或公网 IP 地址的场合，如拨号接入。

（4）NAT Server：将私网地址/端口静态映射成公网地址/端口，实现的也是私有地址和公有地址的一对一映射，但这是一对一固定映射，即此公有地址只能分配给此私有地址，适用于公网客户端访问私网服务的场景。

NAT 技术出现的主要目的是解决 IP 地址匮乏的问题，另外 NAT 屏蔽了私网用户的真实地址，同时提高了私网用户的安全性。

（二）Basic NAT 原理

Basic NAT 是最简单的一种地址转换方式，其只对数据包的 IP 层参数进行转换。

图 12-5 是一个 Basic NAT 工作过程示例。私网主机 PCA（192.168.0.1）需要访问公网的 Server（200.68.26.1），RTA 作为 NAT 转换设备，地址池为 200.68.25.11～200.68.25.20，工作过程如下：

（1）PCA 发出目的地为 Server 的 IP 数据包，数据包源地址为 192.168.0.1，目的地址为 200.68.26.1。

（2）RTA 收到 IP 数据包后，查找路由表，将此数据包转发至出接口，由于在出接口上配置了 NAT，因此 RTA 需要将源地址 192.168.0.1 转换成公网地址。RTA 从地址池中查找第一个可用的公网地址，此处以 200.68.25.11 为例，用这个地址替换数据包的源地址，转换后的源地址为 200.68.25.11，目的地址为 200.68.26.1。同时，RTA 在自己的 NAT 表中添加一个表项（192.168.0.1-200.68.25.11），记录私网地址 192.168.0.1 与公网地址 200.68.25.11 的映射关系，然后 RTA 将数据包转发给 Server。

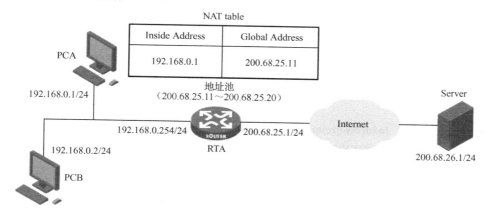

图 12-5 Basic NAT 工作过程示例

（3）Server 收到 IP 数据包后做相应处理，并发送响应数据包，响应数据包的源地址为 200.68.26.1，目的地址为 200.68.25.11。

（4）RTA 收到响应数据包后，发现目的地址 200.68.25.11 在 NAT 地址池内，于是检查 NAT 表，找到相应表项（192.168.0.1→200.68.25.11）后，用私网地址 192.168.0.1 替换公网地址 200.68.25.11，转换后的报文源地址为 200.68.26.1，目的地址为 192.168.0.1，然后 RTA 将数据包转发给 PCA 即可。

当一个会话结束时，对应的地址映射关系会被从 NAT 表中删除，公网地址被释放回地址池中。如果一个会话在进行的同时，其他私网主机也要访问外网，则 NAT 设备会从地址池中选取另一个可用的公网地址进行分配，并将映射关系添加至 NAT 表。当地址池中的公网地址用尽时，再由其他主机访问外网，因无公网地址可用，故只能等待被占用的公网地址释放后才能访问。

（三）配置 NAT

● 配置 ACL，并指定 ACL 序号

[H3C]access-list basic *acl-number*

基本 ACL 的取值范围为 2000～2999，在 Basic NAT 中，ACL 允许通过的报文进行 NAT 转换，被拒绝的报文则不会被转换。

● 定义 ACL 规则

[H3C-acl-ipv4-basic-2000]rule [*rule-id*] **{deny|permit}** **[source {***sour-address sour-wildcard***|any}**

● 创建公网地址池，并指定地址池编号

[H3C]nat address-group *group-number*

group-number 为地址池编号，其取值范围为 0～65535。

● 配置地址池地址

[H3C-address-group-0]address *start-address end-address*

start-address 和 end-address 分别为地址池的起始 IP 地址和结束 IP 地址。如果二者相同，则表示地址池中只有一个地址。

● 配置地址转换应用

[H3C-GigabitEthernet0/1]nat {inbound|outbound} *acl-number* **address-group** *group-number* **[no-pat]**

no-pat 是可选参数，表示禁止端口转换，只转换数据包的地址而不转换端口，进行的是一对一转换，即 Basic NAT 转换。如果省略，则默认进行网络地址端口转换。

● 显示地址转换信息

<H3C>display nat {address-group *group-number***|all|outbound [port-block-group] |server|statistics [summary]|session [brief|verbose|destination-ip** *dest-ip***|source-ip** *sour-ip***] }**

任务 2　配置 NAPT

➡ 任务描述

某学校出口路由器通过串口连接到 ISP，学校只向 ISP 申请了一个公网 IP 地址。作为学校的网络管理员，请你做合理配置使得学校主机都能够访问公网服务。

➡ 任务分析

针对此任务，私网主机需要访问公网服务器，但由于公网地址只有一个，因此通过 NAPT 来实现动态地为私网主机分配公网地址和协议端口。本任务组网同任务 1，网络拓扑图参考图 12-1。

➡ 任务实施

步骤一至步骤四：

同任务 1，请参考任务 1 完成。

步骤五：配置 NAPT

在 RTA 上完成 NAPT 相关配置：

实验视频

```
[RTA]access-list basic 2000
[RTA-acl-ipv4-basic-2000]rule 0 permit source 192.168.0.0 0.0.0.255
[RTA-acl-ipv4-basic-2000]quit
[RTA]nat address-group 1
[RTA-address-group-1]address 200.68.25.11 200.68.25.11
[RTA-address-group-1]quit
[RTA]interface Serial 1/0
[RTA-Serial1/0]nat outbound 2000 address-group 1
[RTA-Serial1/0]quit
```

此时未携带 no-pat 关键字，意味着 NAT 要对数据包进行端口地址转换。

步骤六：检查连通性

从 PCA、PCB 上分别 ping Server，能够 ping 通。

步骤七：检查 NAT 表项

完成上一步骤后，立即在 RTA 上检查 NAT 表项：

```
[RTA]display nat session brief
Slot 0:
Protocol     Source IP/port          Destination IP/port      Global IP/port
ICMP         192.168.0.1/186         200.68.26.1/2048         200.68.25.11/0
ICMP         192.168.0.2/169         200.68.26.1/2048         200.68.25.11/0
Total sessions found: 2
```

从表项中可以看到源地址 192.168.0.1 和 192.168.0.2 都转换成唯一的一个公网地址 200.68.25.11。当 RTA 出接口收到目的地址为 200.68.25.11 的回程流量时，正是用当初转换时赋予的不同端口来分辨该流量是转发给 192.168.0.1 还是 192.168.0.2 的。NAPT 正是靠这种方式对数据包的 IP 层和传输层信息同时进行转换的，从而显著提高了公有 IP 地址的利用效率。

相关知识

Basic NAT 解决了公网和私网的通信问题，实现了全局地址的灵活使用，但并没有有效解决公有地址不足的问题。

NAPT（Network Address Port Translation）对数据包的 IP 地址、协议类型、传输层端口号同时进行转换，可以实现私有地址到公有地址的多对一转换，有效解决了公有地址不足的问题。

图 12-6 是一个 NAPT 工作过程示例。私网主机 PCA（192.168.0.1）需要访问公网 Server（200.68.26.1）上的 WWW 服务，RTA 作为 NAT 转换设备，地址池里只有一个公网地址 200.68.25.11，具体工作过程如下：

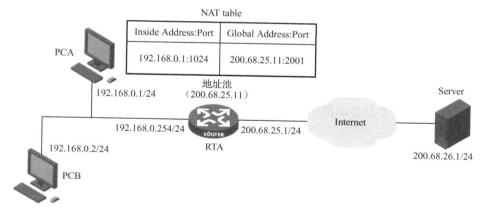

图 12-6 NAPT 工作过程示例

（1）PCA 发出目的地为 Server 的 IP 数据包，数据包源地址/端口为 192.168.0.1:1024，目的地址/端口为 200.68.26.1:80。

（2）RTA 收到 IP 数据包后，查找路由表，将此数据包转发至出接口，由于在出接口上配置了 NAPT，因此 RTA 需要将源地址/端口 192.168.0.1:1024 转换成公网地址/端口。RTA 首先从地址池中查找第一个可用的公网地址，此处仅 200.68.25.11 一个公网地址，用这个地址替换数据包的源地址，然后查找该公网地址的一个可用端口，此处为 2001，用这个端口替换源端口。转换后的数据包源地址/端口为 200.68.25.11:2001，目的地址为 200.68.26.1:80。同时，RTA 在自己的 NAT 表中添加一个表项（192.168.0.1:1024→200.68.25.11:2001），记录私网地址/端口 192.168.0.1:1024 与公网地址/端口 200.68.25.11:2001 的映射关系，然后 RTA 将数据包转发给 Server。

（3）Server 收到 IP 数据包后做相应处理，并发送响应数据包，响应数据包的源地址/端口为 200.68.26.1:80，目的地址/端口为 200.68.25.11:2001。

（4）RTA 收到响应数据包后，发现目的地址 200.68.25.11 在 NAT 地址池内，于是检查 NAT 表，找到相应表项（192.168.0.1:1024→200.68.25.11:2001）后，用私网地址/端口 192.168.0.1:1024 替换公网地址/端口 200.68.25.11:2001，转换后的数据包源地址/端口为 200.68.26.1:80，目的地址/端口为 192.168.0.1:1024，最后 RTA 将数据包转发给 PCA 即可。

当一个会话结束时，对应的地址映射关系会被从 NAT 表中删除，公网地址/端口被释放回地址池中。如果一个会话在进行的同时其他私网主机也要访问外网，则 NAT 设备会从地址池中选取一个可用的公网地址/端口进行分配，并将映射关系添加至 NAT 表。这样，不同的私网主机在 NAPT 中可以共用一个公网地址，通过不同的端口号实现对公网的访问。地址池中的公网地址可以大大少于需要访问公网的私网主机数，从而节约了公网地址。

任务 3　配置 Easy IP

任务描述

在拨号接入上网这种场景中，公网 IP 地址是由 ISP 动态分配的，故无法事先确定。作为网络管理员，请你做合理配置使得私网主机都能够访问公网服务。

任务分析

针对此任务，私网主机需要访问公网服务器，由于公网 IP 地址不是固定的，所以无法通过标准的 NAPT 进行地址转换，需要通过 Easy IP 来实现，直接使用公网接口 IP 地址动态地分配公网地址和端口号。本任务组网同任务 1，网络拓扑图参考图 12-1。

任务实施

步骤一至步骤四：
同任务 1，请参考任务 1 完成。
步骤五：配置 Easy IP
在 RTA 上完成 Easy IP 的相关配置：

实验视频

```
[RTA]access-list basic 2000
[RTA-acl-ipv4-basic-2000]rule 0 permit source 10.0.0.0 0.0.0.255
[RTA-acl-ipv4-basic-2000]quit
[RTA]interface Serial 1/0
[RTA-Serial1/0]nat outbound 2000
```

[RTA-Serial1/0]quit

步骤六：检查连通性

从 PCA、PCB 分别 ping Server，能够 ping 通。

步骤七：检查 NAT 表项

完成上一步骤后，立即在 RTA 上检查 NAT 表项。

[RTA]display nat session brief
Slot 0:

Protocol	Source IP/port	Destination IP/port	Global IP/port
ICMP	192.168.0.2/178	200.68.26.1/2048	200.68.25.1/0
ICMP	192.168.0.1/195	200.68.26.1/2048	200.68.25.1/0

Total sessions found: 2

从显示信息中可以看到，源地址 192.168.0.1 和 192.168.0.2 都转换为 RTA 的出接口地址 200.68.25.1。

请思考一个问题：在步骤五中，完成 NAT 配置后，从 PCA 能够 ping 通 Server，但是如果从 Server 端 ping PCA 呢？ping 命令结果显示如图 12-7 所示。

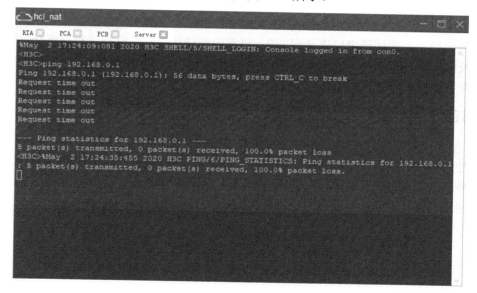

图 12-7　Server ping PCA 的结果

图 12-7 结果显示 Server 不能 ping 通 PCA，为什么呢？

仔细思考，不难发现在 RTB 上始终没有 192.168.0.0/24 网段的路由，所以 Server 直接 ping PCA 是不可达的，而 PCA 能 ping 通 Server 是因为由 Server 回应的 ICMP 回程报文的源地址是 Server 的地址 200.68.26.1，但是目的地址是 RTA 的出接口地址 200.68.25.1，而不是 PCA 的实际源地址 192.168.0.1，也就是说这个 ICMP 连接必须是由 PC 端来发起的，触发 RTA 做地址转换后转发的。在本任务步骤五的配置中，RTA 出接口 S1/0 下配置的是 outbound，NAT 操作是在出接口方向使能有效的。因此，如果从 Server 端始发 ICMP 报文 ping PC 端，是无法触发 RTA 做地址转换的。

相关知识

在标准的 NAPT 配置中需要创建公网地址池，也就是说必须预先得到确定的公网 IP 地址范围，而在拨号接入这类常见的上网方式中，公网 IP 地址是由运营商方面动态分配的，无法事先确定，故标准的 NAPT 无法为其做地址转换。要解决这个问题，就要引入 Easy IP 特性。

Easy IP 的工作原理与普通 NAPT 相同，对数据包的 IP 地址、协议类型、传输层端口号同时进行转换。不同之处在于 Easy IP 直接使用相应公网接口的 IP 地址作为转换后的源地址，无须事先配置好公网地址池。Easy IP 适用于在小规模局域网中动态获得 Internet 或公网 IP 地址的场景。

配置 Easy IP 时无须配置地址池，只需配置一个 ACL，然后在 NAT 设备通向公网的出接口下使用 nat outbound 命令，将 ACL 与接口关联起来即可。

任务 4 配置 NAT Server

任务描述

某学校出口路由器通过串口连接到 ISP，日常的网络访问除了学校主机能够访问公网服务以外，学校内网中有服务器，也需要对外提供服务。作为学校的网络管理员，请你做合理配置使得学校服务器能够对外提供服务。

任务分析

NAT 技术通过私有地址到公有地址的转换，屏蔽了私网用户的真实地址，提高了私网用户的安全性，但也导致公网无法访问私网服务器提供的服务。针对此任务，为了简便，私网服务器要对外提供 ICMP 服务，采用 NAT Server 来实现，将私网地址/端口静态映射成公网地址/端口，以便公网用户访问私网服务。网络拓扑图如图 12-8 所示。

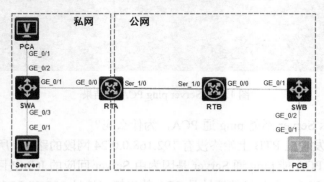

图 12-8 配置 NAT Server 网络拓扑图

任务实施

步骤一：建立物理连接

按照图 12-8 进行连接，并按照表 12-2 进行主机和服务器 IP 地址的配置。

实验视频

表 12-2　IP 地址列表

设 备 名 称	接　　口	IP 地 址	网　　关
RTA	GE0/0	192.168.0.254/24	—
	S1/0	200.68.25.1/24	—
RTB	GE0/0	200.68.26.254/24	—
	S1/0	200.68.25.2/24	—
PCA	—	192.168.0.1/24	192.168.0.254/24
Server	—	192.168.0.2/24	192.168.0.254/24
PCB	—	200.68.26.1/24	200.68.26.254/24

步骤二：基本配置

配置 RTA：

```
<H3C>system-view
System View: return to User View with Ctrl+Z.
[H3C]sysname RTA
[RTA]interface GigabitEthernet 0/0
[RTA-GigabitEthernet0/0]ip address 192.168.0.254 24
[RTA-GigabitEthernet0/0]quit
[RTA]interface Serial 1/0
[RTA-Serial1/0]ip address 200.68.25.1 24
[RTA-Serial1/0]quit
```

配置 RTB：

```
<H3C>system-view
System View: return to User View with Ctrl+Z.
[H3C]sysname RTB
[RTB]interface GigabitEthernet 0/0
[RTB-GigabitEthernet0/0]ip address 200.68.26.254 24
[RTB-GigabitEthernet0/0]quit
[RTB]interface Serial 1/0
[RTB-Serial1/0]ip address 200.68.25.2 24
[RTB-Serial1/0]quit
```

步骤三：配置路由

为了给去往公网的数据包提供路由，在私网出口路由器 RTA 上需要配置一条静态路由，指向公网路由器 RTB，下一跳为 RTB 的接口 S1/0。

配置 RTA：

```
[RTA]ip route-static 0.0.0.0 0 200.68.25.2
```

步骤四：检查连通性

从公网 PCB ping 私网 Server 的私网地址 192.168.0.2，显示无法 ping 通。

步骤五：配置 NAT Server

在 RTA 上完成 NAT Server 的相关配置。

```
[RTA]interface Serial 1/0
[RTA-Serial1/0]nat server protocol icmp global 200.68.25.11 inside 192.168.0.2
[RTA-Serial1/0]quit
```

步骤六：检查连通性

从外网 PCB 主动 ping 内网 Server 的公网地址 200.68.25.11，结果如图 12-9 所示，显示能够 ping 通。

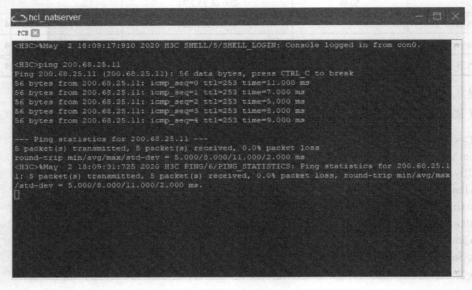

图 12-9　PCB ping Server 的结果

步骤七：检查 NAT 表项

在 RTA 上检查 NAT Server 表项。

```
[RTA]display nat session brief
Slot 0:
Protocol      Source IP/port        Destination IP/port    Global IP/port
ICMP          192.168.0.2/165       200.68.26.1/0          200.68.25.11/2048
Total sessions found: 1
```

表项信息中显示出公网地址和私网地址一对一的映射关系。

➡ 相关知识

前述 Basic NAT 和 NAPT 的工作流程都是由私网主机发起到公网的访问，以获得相应的服务。公网主机无法主动向私网主机发起连接，因此 NAT 隐藏了内部网络的结构，具有屏蔽内部主机的作用。但是在实际应用中，私网服务器也需要对外提供服务，如 Web 服务、FTP 服务等，Basic NAT 和 NAPT 则无法满足要求。为了满足此需求，引入 NAT Server 特性，将私网地址/端口静态映射成公网地址/端口，以供公网主机访问私网服务器。NAT Server 是 Basic NAT 和 NAPT 的一种具体应用。

图 12-10 是一个 NAT Server 工作过程示例。公网主机 PCB 需要访问私网 Server 上的服务，RTA 作为 NAT 转换设备，其工作过程如下：

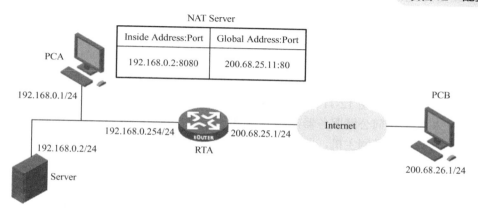

图 12-10　NAT Server 工作过程示例

（1）PCB 发出目的地为 Server 的公网 IP 地址的数据包，数据包源地址/端口为 200.68.26.1:1024，目的地址/端口为 200.68.25.11:80。

（2）RTA 收到 IP 数据包后，数据包目的地址 200.68.25.11 在 NAT 地址池内，于是查询 NAT Server 转换表，找到此公网地址/端口 200.68.25.11:80 与私网地址/端口 192.168.0.2:8080 的映射关系，因此 RTA 需要将目的地址/端口 200.68.25.11:80 转换成私网地址/端口 192.168.0.2:8080，进而将数据包转发给私网 Server。

（3）私网 Server 收到 IP 数据包后做相应处理，并发送响应数据包，响应数据包的源地址/端口为 192.168.0.2:8080，目的地址/端口为 200.68.26.1:1024。

（4）RTA 收到响应数据包后，根据数据包中的源地址/端口 192.168.0.2:8080 查找 NAT Server 转换表，用公网地址/端口 200.68.25.11:80 替换私网地址/端口 192.168.0.2:8080，转换后的数据包源地址/端口为 200.68.25.11:80，目的地址/端口为 200.68.26.1:1024，然后 RTA 通过查询路由表将此数据包从相应接口发出，最终此数据包可路由至 PCB。

这样就实现了公网主机访问私网 Server 获得相应的服务。

配置 NAT Server：

[H3C-GigabitEthernet0/1]nat server protocol *pro-type* **global** *global-addr* **inside** *local-addr*

pro-type 为协议类型，可以以数字表示，取值范围为 1～255，也可以以文字表示，如 ICMP、TCP、UDP 等；global-addr 为公有地址，local-addr 为私有地址。

小　结

- NAT 可以有效缓解 IPv4 地址短缺的问题，并提高安全性；
- Basic NAT 实现私网地址与公网地址一对一转换；
- NAPT 通过端口号实现私网地址与公网地址的多对一转换；
- Easy IP 是 NAPT 的一个特例，适用于公网地址无法预知的场景；
- NAT Server 使私网服务器可以对公网主机提供服务。

巩固与提高

某公司网络拓扑图如图 12-11 所示，要求在出口路由器 RTA 上进行合适的 NAT 配置，使得公司私网主机能够访问公网服务器，即 PCA 能 ping 通 Server B，公网主机能够访问私网服务器，但不可访问其他私网主机，即 PCB 能 ping 通 Server A，不能 ping 通 PCA。ISP 分配的公网地址为 200.0.0.3～200.0.0.8，具体 IP 地址规划如表 12-3 所示。

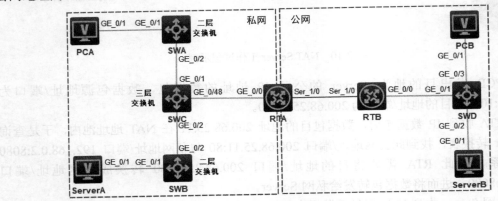

图 12-11　网络拓扑图

表 12-3　IP 地址规划列表

设备名称	接　口	IP 地址	网　关	备　注
SWC	SVI 10	172.16.0.254/24	—	
	SVI 20	172.16.1.254/24	—	
	GE1/0/48	172.16.2.1/24		三层接口
RTA	GE0/0	172.16.2.2/24	—	
	S1/0	200.0.0.1/24	—	
RTB	GE0/0	200.0.1.254/24	—	
	S1/0	200.0.0.2/24	—	
PCA	—	172.16.0.1/24	172.16.0.254/24	归属 VLAN10
ServerA	—	172.16.1.1/24	172.16.1.254/24	归属 VLAN20
PCB	—	200.0.1.1/24	200.0.1.254/24	
ServerB	—	200.0.1.2/24	200.0.1.254/24	

项目 *13*

配置 PPP

知识目标

- 掌握常见广域网连接方式及链路层常用协议；
- 掌握 PPP 的会话过程；
- 掌握 PPP 的验证方式及其原理。

能力目标

- 熟练进行 PPP 连接的基本配置；
- 熟练进行 PPP PAP 验证的配置；
- 熟练进行 PPP CHAP 验证的配置。

项目背景

　　局域网是在一个局部的物理范围内，将各种终端、服务器等互相连接起来组成的通信网络。它只能解决局部范围内的资源共享，不能满足远距离通信的要求，这时就需要用到广域网。广域网可以使相距较远的局域网互连起来，实现远距离的资源共享。数据在广域网上传输，必须封装成广域网能够识别及支持的数据链路层协议。PPP 是提供在点到点链路上传递、封装网络层数据包的一种数据链路层协议。由于 PPP 支持同步/异步线路，能够提供验证，并且易于扩展，因而被广泛应用。

任务 1　PPP 基本配置

任务描述

　　某学校两校区处于不同的城市，为了顺利开展教学相关业务，要求本部与分部之间的网络通过路由器相连，保持网络连通。现要求在路由器上做适当配置，实现两校区主机之间相互通信。

任务分析

　　针对此任务，通过广域网接口连接本部与分部之间的网络。分别对两台路由器的广域网端口 S1/0 封装 PPP，并配置路由信息即可实现两校区主机之间的通信。配置 PPP 网络拓扑图如图 13-1 所示。

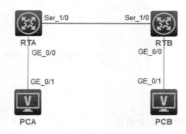

图 13-1　配置 PPP 网络拓扑图

任务实施

实验视频

步骤一：建立物理连接

按照图 13-1 进行连接，并按照表 13-1 进行主机 IP 地址配置。

表 13-1　IP 地址配置

设 备 名 称	接　　口	IP 地址	网　　关
RTA	GE0/0	192.168.1.254/24	—
	S1/0	192.168.2.1/24	—
RTB	GE0/0	192.168.3.254/24	—
	S1/0	192.168.2.2/24	—
PCA	—	192.168.1.1/24	192.168.1.254/24
PCB	—	192.168.3.1/24	192.168.3.254/24

步骤二：基本配置

配置 RTA：

```
<H3C>system-view
System View: return to User View with Ctrl+Z.
[H3C]sysname RTA
```

```
[RTA]interface GigabitEthernet 0/0
[RTA-GigabitEthernet0/0]ip address 192.168.1.254 24
[RTA-GigabitEthernet0/0]quit
[RTA]interface Serial 1/0
[RTA-Serial1/0]ip address 192.168.2.1 24
[RTA-Serial1/0]quit
```

配置 RTB：

```
<H3C>system-view
System View: return to User View with Ctrl+Z.
[H3C]sysname RTB
[RTB]interface GigabitEthernet 0/0
[RTB-GigabitEthernet0/0]ip address 192.168.3.254 24
[RTB-GigabitEthernet0/0]quit
[RTB]interface Serial 1/0
[RTB-Serial1/0]ip address 192.168.2.2 24
[RTB-Serial1/0]quit
```

步骤三：将 RTA 广域网接口封装 PPP

```
[RTA]interface Serial 1/0
[RTA-Serial1/0]link-protocol ppp
[RTA-Serial1/0]quit
```

RTA 的广域网串口封装 PPP 也可不配置，因为 H3C 路由器串口默认封装 PPP。

通过 display interface 命令查看接口封装 PPP 后的显示信息，主要观察 LCP、IPCP 等相关信息：

```
[RTA]display interface Serial 1/0
Serial1/0
Current state: UP
Line protocol state: UP
Description: Serial1/0 Interface
Bandwidth: 64 kbps
Maximum transmission unit: 1500
Hold timer: 10 seconds, retry times: 5
Internet address: 192.168.2.1/24 (primary)
Link layer protocol: PPP
LCP: opened, IPCP: opened
Output queue - Urgent queuing: Size/Length/Discards 0/100/0
Output queue - Protocol queuing: Size/Length/Discards 0/500/0
Output queue - FIFO queuing: Size/Length/Discards 0/75/0
Last link flapping: 0 hours 15 minutes 32 seconds
Last clearing of counters: Never
Current system time:2020-04-09 13:10:03
Last time when physical state changed to up:2020-04-09 12:54:31
Last time when physical state changed to down:2020-04-09 12:54:24
```

步骤四：将 RTB 广域网接口封装 PPP

```
[RTB]interface Serial 1/0
[RTB-Serial1/0]link-protocol ppp
[RTB-Serial1/0]quit
```

同理，RTB 的广域网串口封装 PPP 也可不配置。

通过 display interface 命令查看接口封装 PPP 以后的显示信息，主要观察 LCP、IPCP 等相关信息：

```
[RTB]display interface Serial 1/0
Serial1/0
Current state: UP
Line protocol state: UP
Description: Serial1/0 Interface
Bandwidth: 64 kbps
Maximum transmission unit: 1500
Hold timer: 10 seconds, retry times: 5
Internet address: 192.168.2.2/24 (primary)
Link layer protocol: PPP
LCP: opened, IPCP: opened
Output queue - Urgent queuing: Size/Length/Discards 0/100/0
Output queue - Protocol queuing: Size/Length/Discards 0/500/0
Output queue - FIFO queuing: Size/Length/Discards 0/75/0
Last link flapping: 0 hours 17 minutes 27 seconds
Last clearing of counters: Never
Current system time:2020-04-09 13:11:59
Last time when physical state changed to up:2020-04-09 12:54:32
Last time when physical state changed to down:2020-04-09 12:54:27
```

步骤五：检查路由器的互通性及 PC 与路由器网关的互通性

可以通过 ping 命令检查 RTA 与其相连的 PCA 的互通性，结果如图 13-2 所示。

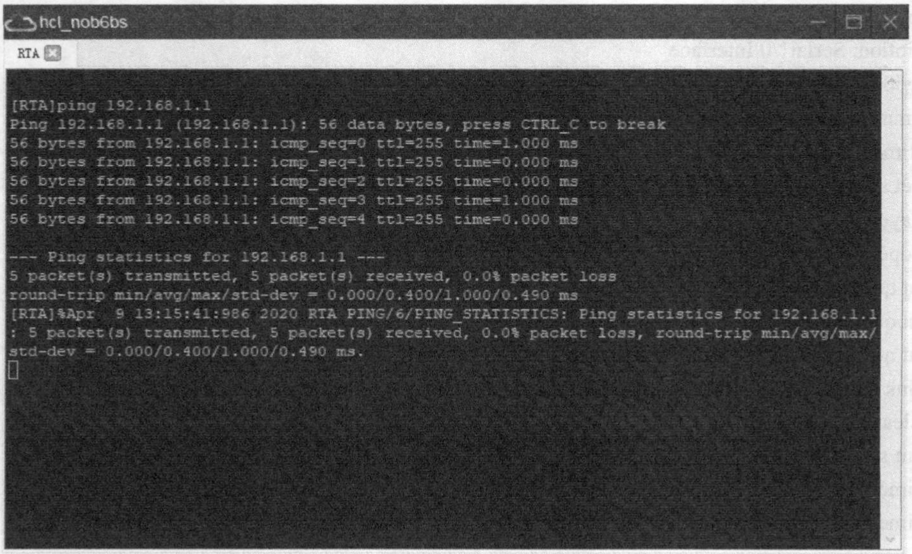

```
[RTA]ping 192.168.1.1
Ping 192.168.1.1 (192.168.1.1): 56 data bytes, press CTRL_C to break
56 bytes from 192.168.1.1: icmp_seq=0 ttl=255 time=1.000 ms
56 bytes from 192.168.1.1: icmp_seq=1 ttl=255 time=0.000 ms
56 bytes from 192.168.1.1: icmp_seq=2 ttl=255 time=0.000 ms
56 bytes from 192.168.1.1: icmp_seq=3 ttl=255 time=1.000 ms
56 bytes from 192.168.1.1: icmp_seq=4 ttl=255 time=0.000 ms

--- Ping statistics for 192.168.1.1 ---
5 packet(s) transmitted, 5 packet(s) received, 0.0% packet loss
round-trip min/avg/max/std-dev = 0.000/0.400/1.000/0.490 ms
[RTA]%Apr  9 13:15:41:986 2020 RTA PING/6/PING_STATISTICS: Ping statistics for 192.168.1.1
: 5 packet(s) transmitted, 5 packet(s) received, 0.0% packet loss, round-trip min/avg/max/
std-dev = 0.000/0.400/1.000/0.490 ms.
```

图 13-2　RTA ping PCA 的结果

在 RTA 上检查其与 RTB 广域网接口的互通性，结果如图 13-3 所示。

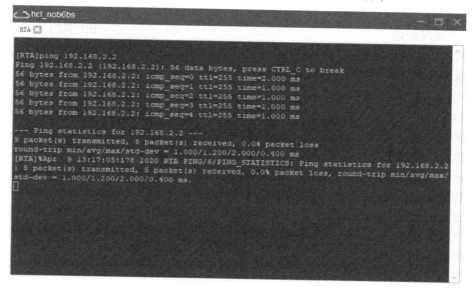

图 13-3　RTA ping RTB 的结果

步骤六：分别在两台路由器上设置到达对方局域网网段的路由

在 RTA 上设置到达 PCB 所在网段的路由：

[RTA]ip route-static 192.168.3.0 24 192.168.2.2

在 RTB 上设置到达 PCA 所在网段的路由：

[RTB]ip route-static 192.168.1.0 24 192.168.2.1

步骤七：在 PCA 或 PCB 上通过 ping 命令检查 PCB 与 PCA 的互通性

在 PCA 上 Ping PCB 的 IP 地址，可知已经能够互通，结果如图 13-4 所示。

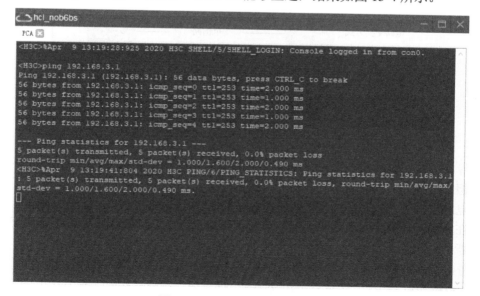

图 13-4　PCA Ping PCB 的结果

相关知识

（一）广域网概述

广域网（Wide Area Network，WAN）是指跨接物理范围很大，所覆盖范围从几十公里到几千公里，能横跨多个城市、国家或大洲，为分散在各个不同地理位置的局域网提供远程通信能力的网络。

对照 OSI 参考模型，广域网技术主要体现在物理层和数据链路层，有时也会涉及网络层。物理层协议描述了广域网连接的电气、机械的运行和功能，以及描述了 DCE、DTE 之间的端口。数据链路层协议使得数据在广域网上传输能够被识别和支持。

传统电信运营商经营的语音网络已建设多年，几乎覆盖了所有的场所。因此，计算机网络的广域网最初都是基于已有电信运营商通信网建立的。由于电信运营商传统通信网技术的多样性和接入的灵活性，广域网技术也呈多样化发展，以便适应用户对计算机网络的多样化需求。例如，用户路由器可以通过 PSTN 或 ISDN 拨号接通对端路由器，也可以直接租用模拟或数字专线连通对端路由器。

数据在广域网上传输，必须封装成广域网能够识别及支持的数据链路层协议。广域网典型的两种数据链路层封装协议如下。

（1）HDLC（High-level Data Link Control）：用于同步点对点连接，其特点是面向比特，对任何一种比特流均可以实现透明传输，只能工作在同步方式下。

（2）PPP（Point-to-Point Protocol）：提供了在点对点链路上封装、传递网络数据包的能力。PPP 易于扩展，能支持多种网络层协议，也支持验证，可工作在同步或异步方式下。

（二）广域网连接方式

常用的广域网连接方式包括专线方式、电路交换方式、分组交换方式等，如图 13-5 所示。

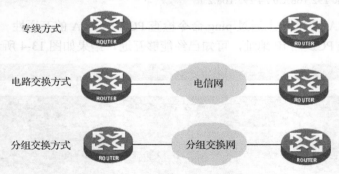

专线方式

电路交换方式　电信网

分组交换方式　分组交换网

图 13-5　广域网连接方式

（1）专线方式：用户独占一条预先建好的专用通道，此通道只供本用户使用，不与其他用户共享，但费用高。实现的是点对点的通信。

（2）电路交换方式：用户设备之间的连接是按需建立的。当用户需要发送数据时，运营商交换机就在主叫和被叫之间接通一条物理的数据传输通路；当用户不再发送数据时，运营商交换机即切断传输通路。实现的也是点对点的通信。

（3）分组交换方式：基于运营商分组交换网络。用户设备将需要传输的信息划分为一定长度的分组（也称为包）提交给运营商分组交换机，每个分组都载有接收方和发送方的地址标识，运营商分组交换机依据这些地址标识将分组转发到目的端用户设备。实现的是点对多点的通信。

（三）PPP 概述

PPP（Point-to-Point Protocol）是一种在点对点链路上传输、封装网络层数据包的协议，它处于 OSI 参考模型中的数据链路层，主要用于支持在全双工的同步/异步链路上进行点对点的数据传输。

作为目前使用最广泛的广域网协议，PPP 具有如下特点。

（1）PPP 是面向字符的，在点对点串行链路上使用字符填充技术，既支持同步链路又支持异步链路。

（2）PPP 通过 LCP（Link Control Protocol）部件能够有效地控制数据链路的建立。

（3）PPP 支持 PAP（Password Authentication Protocol）和 CHAP（Challenge-Handshake Authentication Protocol）两种身份认证，保证了网络接入的安全性。

（4）PPP 支持各种 NCP（Network Control Protocol），可以同时支持多种网络层协议。典型的 NCP 包括支持 IP 的 IPCP 和支持 IPX 的 IPXCP 等。

（5）PPP 支持网络层地址协商，同时支持 IP 地址的远程分配，能满足拨号线路的需求。

（6）PPP 无重传机制，网络开销小。

（四）PPP 协议的组成

PPP 并非是一个单一的协议，而是由一系列协议构成的协议族。图 13-6 所示为 PPP 协议的分层结构。

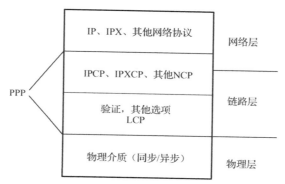

图 13-6　PPP 协议的分层结构

PPP 的主要组成及其作用如下。

（1）链路控制协议（LCP）：主要用于管理 PPP 数据链路，包括进行链路层参数的协商、建立、拆除和监控数据链路等。

（2）网络控制协议（NCP）：主要用于协商所承载的网络层协议的类型及其属性，以及协商在该数据链路上所传输的数据包的格式与类型，配置网络层协议等。

（3）验证协议 PAP 和 CHAP：主要用来验证 PPP 对端设备的身份合法性，在一定程度上保证链路的安全性。

（五）PPP 会话

（1）PPP 会话的建立

建立一个完整的 PPP 会话大体需要如下 3 步。

① 链路建立阶段：运行 PPP 的设备会发送 LCP 报文来检测链路的可用情况。如果链路可用，则会成功建立链路，否则链路建立失败。

② 验证阶段（可选）：成功建立链路后，根据 PPP 帧中的验证选项来决定是否验证。如果需要验证，则开始 PAP 或 CHAP 验证，验证成功后进入网络协商阶段。

③ 网络层协商阶段：运行 PPP 的双方发送 NCP 报文来选择并配置网络协议，双方会协商彼此使用的网络层协议（例如，是 IP 还是 IPX），同时也会选择对应的网络层地址。如果协商通过，则 PPP 链路建立成功。

（2）PPP 会话的流程

详细的 PPP 会话流程如图 13-7 所示。

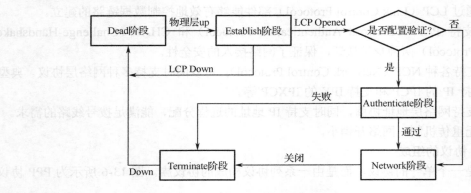

图 13-7　PPP 会话流程

① 当物理层不可用时，PPP 链路处于 Dead 阶段，链路必须从这个阶段开始和结束。当通信双方的两端检测到物理线路激活时，就会从当前这个阶段跃迁至下一个阶段。

② 当物理层可用时，进入 Establish 阶段。PPP 链路在 Establish 阶段进行 LCP 协商，协商的内容包括是否采用链路捆绑、使用何种验证方式、最大传输单元等。协商成功后 LCP 进入 Opened 状态，表示底层链路已经建立。

③ 如果配置了验证，则进入 Authenticate 阶段，开始 PAP 或 CHAP 验证。这个阶段仅支持链路控制协议、验证协议和质量检测数据报文，其他数据报文都会被丢弃。

④ 如果验证失败，则进入 Terminate 阶段，拆除链路，LCP 状态转为 Down；如果验证成功，则进入 Network 阶段，由 NCP 协商网络层协议参数，此时 LCP 状态仍为 Opened，而 NCP 状态从 Initial 转到 Request。

⑤ NCP 协商支持 IPCP 协商，IPCP 协商主要包括双方的 IP 地址。通过 NCP 协商来选择和配置一个网络层协议。只有相应的网络层协议协商成功后，该网络层协议才可以通过这条 PPP 链路发送报文。当一个 NCP 的状态机变成 Opened 状态时，则 PPP 就可以开始在链路上承载网络层的数据报文。

⑥ PPP 链路将一直保持通信，直至有明确的 LCP 或 NCP 帧来关闭这条链路，或发生了某些外部事件。

⑦ PPP 能在任何时候终止链路。在载波丢失、验证失败、链路质量检测失败和管理员人为关闭链路等情况下均会导致链路终止。

（六）配置 PPP

● 设置接口报文封装 PPP

[H3C-Serial1/0]link-protocol ppp

在默认情况下，H3C 路由器串口封装 PPP 协议。配置时需要注意，通信双方的接口都要使用 PPP，否则无法通信。

任务2 PPP PAP 认证配置

➡ 任务描述

某学校两个校区处于不同的城市，本部与分部之间的网络通过路由器相连。为了保证网络接入的安全性，接入技术需要具备验证功能，作为网络管理员，你在配置路由器实现链路建立的同时应考虑安全接入问题。

➡ 任务分析

针对此任务，通过广域网接口连接本部与分部之间的网络。分别对两台路由器的广域网端口 S1/0 封装 PPP，启动 PAP 验证，并配置路由信息即可实现两个校区主机之间的通信。网络拓扑图同任务 1，参考图 13-1。

➡ 任务实施

本任务在任务 1 的基础上进行，请先按照任务 1 完成组网搭建及相关配置。

实验视频

步骤一：配置主验证方

此处以 RTA 为主验证方,RTB 为被验证方,在 RTA 上配置本地以 PAP 方式验证对端 RTB。

首先在 RTA 上设置对端用户名和密码，此用户名和密码要与对端 RTB 发送的用户名和密码一致：

```
[RTA]local-user rtb class network
[RTA-luser-network-rtb]service-type ppp
[RTA-luser-network-rtb]password simple bbb
[RTA-luser-network-rtb]quit
```

其次在 RTA 上配置本地验证对端 RTB 的方式为 PAP：

```
[RTA]interface Serial 1/0
[RTA-Serial1/0]ppp authentication-mode pap
```

如果接口的 IP 地址已经配置好，则可再配置认证，配置完认证后请复位接口：

```
[RTA-Serial1/0]shutdown
[RTA-Serial1/0]undo shutdown
[RTA-Serial1/0]quit
```

步骤二：查看接口状态并验证互通性

通过 display interface 查看步骤一配置的接口信息：

```
[RTA]display interface Serial 1/0
Serial1/0
Current state: UP
Line protocol state: DOWN
```

Description: Serial1/0 Interface
Bandwidth: 64 kbps
Maximum transmission unit: 1500
Hold timer: 10 seconds, retry times: 5
Internet address: 192.168.2.1/24 (primary)
Link layer protocol: PPP
LCP: closed
Output queue - Urgent queuing: Size/Length/Discards 0/100/0
Output queue - Protocol queuing: Size/Length/Discards 0/500/0
Output queue - FIFO queuing: Size/Length/Discards 0/75/0
Last link flapping: 0 hours 0 minutes 54 seconds
Last clearing of counters: Never
Current system time:2020-04-09 14:26:14
Last time when physical state changed to up:2020-04-09 14:25:20
Last time when physical state changed to down:2020-04-09 14:25:14

在 RTA 上通过 ping 来测试与 RTB 之间的互通性，结果如图 13-8 所示。

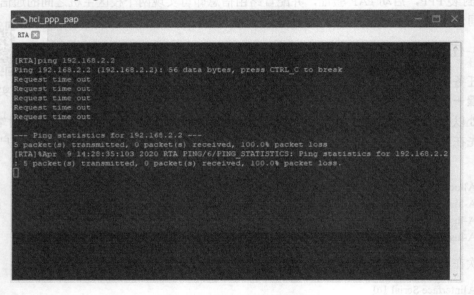

图 13-8　RTA ping RTB 的结果

步骤三：配置被验证方

在 RTB 上配置本地被对端 RTA 以 PAP 方式验证时发送的 PAP 用户名和密码：

[RTB]interface Serial 1/0
[RTB-Serial1/0]ppp pap local-user rtb password simple bbb
[RTB-Serial1/0]quit

这里要回想一下 PAP 验证的过程。PAP 验证是通过两次握手完成的，PAP 验证的第一步就是被验证方以明文的方式发送用户名和密码到验证方。在本任务中，RTB 作为被验证方，要把用户名 rtb 和密码 bbb 以明文的方式发送给验证方 RTA，然后由 RTA 来确认。由此也可以看到 PAP 验证的安全性较低。

步骤四：查看接口状态及验证 RTA 与 RTB 的互通性

通过 ping 验证，并用 display interface Serial 1/0 命令显示：

```
[RTA]display interface Serial 1/0
Serial1/0
Current state: UP
Line protocol state: UP
Description: Serial1/0 Interface
Bandwidth: 64 kbps
Maximum transmission unit: 1500
Hold timer: 10 seconds, retry times: 5
Internet address: 192.168.2.1/24 (primary)
Link layer protocol: PPP
LCP: opened, IPCP: opened
Output queue - Urgent queuing: Size/Length/Discards 0/100/0
Output queue - Protocol queuing: Size/Length/Discards 0/500/0
Output queue - FIFO queuing: Size/Length/Discards 0/75/0
Last link flapping: 0 hours 9 minutes 7 seconds
Last clearing of counters: Never
Current system time:2020-04-09 14:34:27
Last time when physical state changed to up:2020-04-09 14:25:20
Last time when physical state changed to down:2020-04-09 14:25:14
```

在 RTA 上通过 ping 来测试与 RTB 之间的互通性，结果如图 13-9 所示。

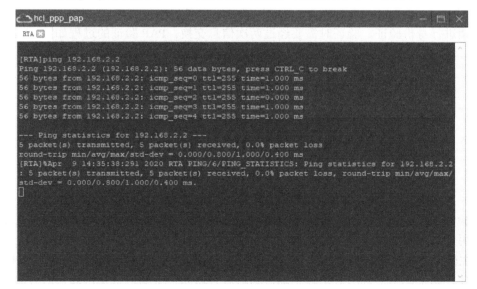

图 13-9　RTA ping RTB 的结果

步骤五：在 PCA 或 PCB 上通过 ping 命令检查 PCB 与 PCA 的互通性

在 PCA 上 ping PCB 的 IP 地址，结果如图 13-10 所示。

```
hcl_ppp_pap                                                              _  □  ×
PCA
<H3C>%Apr  9 14:37:20:594 2020 H3C SHELL/5/SHELL_LOGIN: Console logged in from con0.

<H3C>ping 192.168.3.1
Ping 192.168.3.1 (192.168.3.1): 56 data bytes, press CTRL_C to break
56 bytes from 192.168.3.1: icmp_seq=0 ttl=253 time=2.000 ms
56 bytes from 192.168.3.1: icmp_seq=1 ttl=253 time=2.000 ms
56 bytes from 192.168.3.1: icmp_seq=2 ttl=253 time=5.000 ms
56 bytes from 192.168.3.1: icmp_seq=3 ttl=253 time=2.000 ms
56 bytes from 192.168.3.1: icmp_seq=4 ttl=253 time=2.000 ms

--- Ping statistics for 192.168.3.1 ---
5 packet(s) transmitted, 5 packet(s) received, 0.0% packet loss
round-trip min/avg/max/std-dev = 2.000/2.600/5.000/1.200 ms
<H3C>%Apr  9 14:37:29:048 2020 H3C PING/6/PING_STATISTICS: Ping statistics for 192.168.3.1
: 5 packet(s) transmitted, 5 packet(s) received, 0.0% packet loss, round-trip min/avg/max/
std-dev = 2.000/2.600/5.000/1.200 ms.
```

图 13-10　PCA ping PCB 的结果

相关知识

（一）PAP 原理

为了增强网络传输数据的安全性，PPP 提供了 PAP 和 CHAP 两种验证方式。

PAP（Password Authentication Protocol）通过用户名和密码的方式进行验证，其只是在链路建立初期进行身份验证，验证时需要经过两次信息交换。PAP 验证的过程如图 13-11 所示。

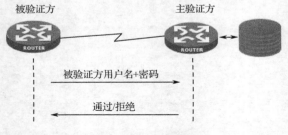

被验证方　　　　　　　　　　主验证方

被验证方用户名+密码

通过/拒绝

图 13-11　PAP 验证过程

（1）验证由被验证方发起，被验证方向主验证方发送 PAP 验证请求报文，该请求报文携带自己的用户名和密码，且为明文形式。

（2）主验证方收到验证请求报文后，根据报文中的用户名和密码查询用户列表，核实该用户的合法性。如果此用户合法且密码正确，则给对方返回一个响应报文，通告对方验证通过，允许进入下一阶段协商；否则，通过响应报文通告对方验证失败。

以上过程被称为 PAP 验证的两次握手。此 PAP 验证过程是由一方验证另一方，也可以进行双向身份验证，要求通信双方都要通过对方的验证，即双方的两个单向验证都通过，否则无法建立两者之间的链路。PAP 验证失败后并不会直接将链路关闭。只有当验证失败次数达到一定值时，链路才会被关闭，这样可以防止因误传、线路干扰等造成不必要的 LCP 重新协商过程。

在 PAP 验证中，用户名和密码在网络上以明文的方式传递，如果在传输过程中被监听，则监听者可以获知用户名和密码，并利用其通过验证，从而可能对网络安全造成威胁。因此，PAP 适用于对网络安全要求相对较低的环境。

（二）配置 PAP

配置主验证方：

● 将对端用户名加入本地用户列表

[H3C]local-user *user-name* **class network**

● 设置对端用户密码

[H3C-luser-network-xxx]password {simple|cipher} *password*

simple 表示密码以明文的方式出现在配置文件中，cipher 表示密码以密文的方式出现在配置文件中，即使看到配置文件也无法获知密码。

● 设置服务类型

[H3C-luser-network-xxx]service-type ppp

● 设置验证类型

[H3C-Serial1/0]ppp authentication-mode pap

配置被验证方：

● 配置 PAP 验证时被验证方发送的用户名和密码

[H3C-Serial1/0]ppp pap local-user *user-name* **password {simple|cipher}** *password*

此用户名和密码要与主验证方添加到用户列表中的用户名和密码一致，否则验证通不过。

任务 3　PPP CHAP 认证配置

任务描述

某学校两个校区处于不同的城市，本部与分部之间的网络通过路由器相连。为了保证网络接入的安全性，接入技术需要具备验证的功能，作为网络管理员，你在配置路由器实现链路建立的同时应考虑安全接入问题。

任务分析

针对此任务，通过广域网接口连接本部与分部之间的网络，分别对两台路由器的广域网端口 S1/0 封装 PPP。在 PAP 验证中，被验证方将自己的用户名和密码以明文的方式发给主验证方，存在安全隐患，故本任务采用 CHAP 验证方式保证通信的安全性。网络拓扑图同任务 1，参考图 13-1。

任务实施

本任务在任务 1 的基础上进行，请先按照任务 1 完成组网搭建及相关配置。

实验视频

步骤一：配置主验证方

此处以 RTA 为主验证方，RTB 为被验证方。

首先，在 RTA 上配置本地验证对端 RTB 的方式为 CHAP：

```
[RTA]interface Serial 1/0
[RTA-Serial1/0]ppp authentication-mode chap
```

如果接口的 IP 地址已经配置好，则可再配置认证，配置完认证后请复位接口：

```
[RTA-Serial1/0]shutdown
[RTA-Serial1/0]undo shutdown
```

其次，在 RTA 上配置本地用户名和密码，此用户名在进行 CHAP 验证时发送给对端：

```
[RTA-Serial1/0]ppp chap user rta
[RTA-Serial1/0]quit
```

最后，将对端 RTB 用户名和密码加入本地用户列表并设置验证类型：

```
[RTA]local-user rtb class network
[RTA-luser-network-rtb]password simple 123
[RTA-luser-network-rtb]service-type ppp
[RTA-luser-network-rtb]quit
```

步骤二：查看接口状态并检测路由器之间的互通性

通过 display interface 查看步骤一配置的接口信息：

```
[RTA]display interface Serial 1/0
Serial1/0
Current state: UP
Line protocol state: DOWN
Description: Serial1/0 Interface
Bandwidth: 64 kbps
Maximum transmission unit: 1500
Hold timer: 10 seconds, retry times: 5
Internet address: 192.168.2.1/24 (primary)
Link layer protocol: PPP
LCP: closed
Output queue - Urgent queuing: Size/Length/Discards 0/100/0
Output queue - Protocol queuing: Size/Length/Discards 0/500/0
Output queue - FIFO queuing: Size/Length/Discards 0/75/0
Last link flapping: 0 hours 0 minutes 12 seconds
Last clearing of counters: Never
Current system time:2020-04-09 16:27:50
Last time when physical state changed to up:2020-04-09 16:27:38
Last time when physical state changed to down:2020-04-09 16:27:35
```

通过 ping 来测试 RTA 与 RTB 的互通性，结果如图 13-12 所示。

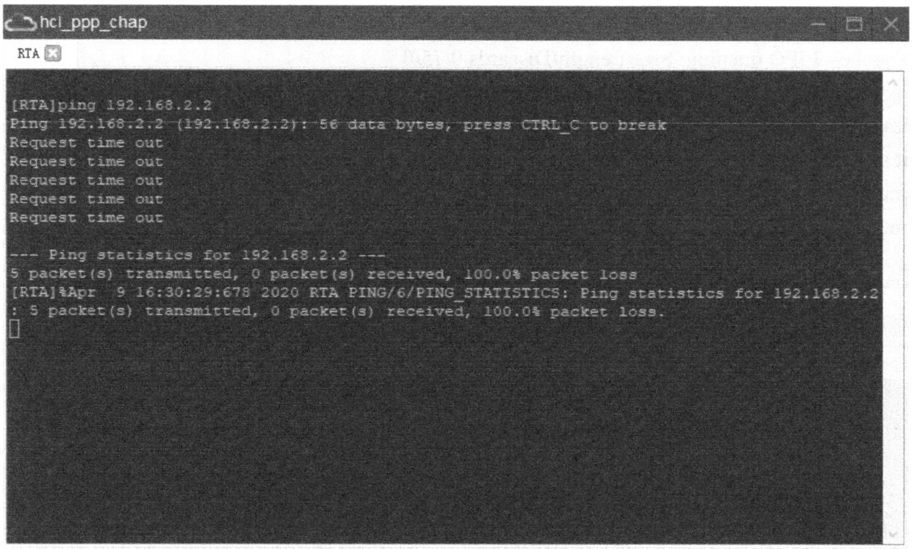

图 13-12　RTA ping RTB 的结果

步骤三：配置被验证方

首先，在接口视图下配置本地用户名，在进行 CHAP 验证时将此用户名发送给对端：

```
[RTB]interface Serial 1/0
[RTB-Serial1/0]ppp chap user rtb
[RTB-Serial1/0]quit
```

其次，将对端 RTA 用户名和密码加入本地用户列表并设置验证类型：

```
[RTB]local-user rta class network
[RTB-luser-network-rta]password simple 123
[RTB-luser-network-rta]service-type ppp
[RTB-luser-network-rta]quit
```

注意：两方设置的密码要一致。

步骤四：查看接口状态并验证互通性

通过 display interface serial 1/0 命令查看接口状况：

```
[RTA]display interface Serial 1/0
Serial1/0
Current state: UP
Line protocol state: UP
Description: Serial1/0 Interface
Bandwidth: 64 kbps
Maximum transmission unit: 1500
Hold timer: 10 seconds, retry times: 5
Internet address: 192.168.2.1/24 (primary)
Link layer protocol: PPP
LCP: opened, IPCP: opened
Output queue - Urgent queuing: Size/Length/Discards 0/100/0
```

Output queue - Protocol queuing: Size/Length/Discards 0/500/0

Output queue - FIFO queuing: Size/Length/Discards 0/75/0

Last link flapping: 0 hours 11 minutes 41 seconds

Last clearing of counters: Never

Current system time:2020-04-09 16:58:08

Last time when physical state changed to up:2020-04-09 16:46:27

Last time when physical state changed to down:2020-04-09 16:46

在 RTA 上通过 ping 来测试与 RTB 之间的互通性，结果如图 13-13 所示。

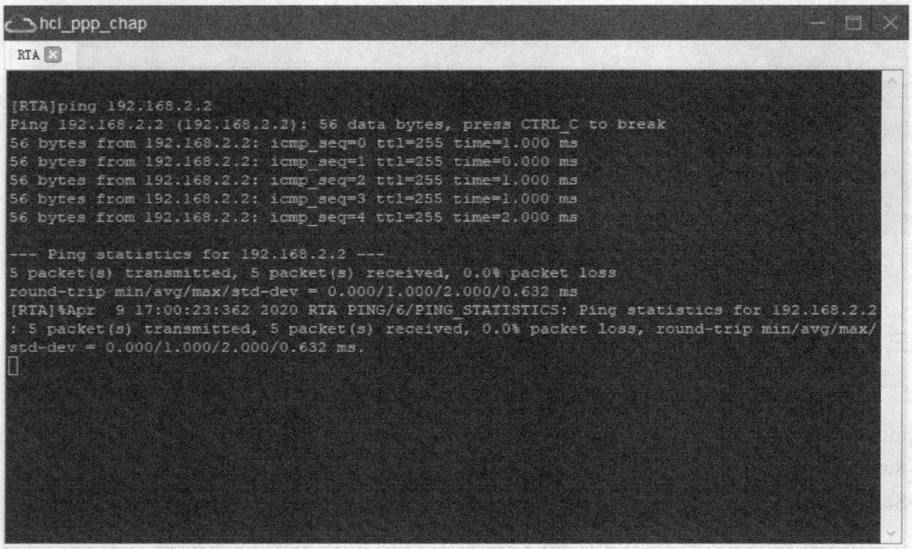

图 13-13　RTA ping RTB 的结果

步骤五：在 PCA 上通过 ping 命令检查与 PCB 的互通性

在 PCA 上 ping PCB 的 IP 地址，结果如图 13-14 所示。

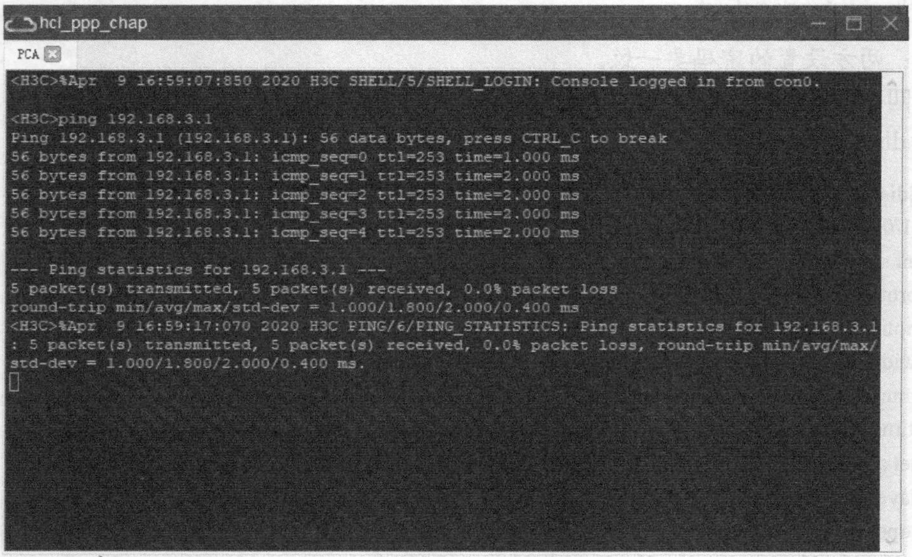

图 13-14　PCA ping PCB 的结果

➡ 相关知识

（一）CHAP 原理

CHAP（Challenge Hand Authentication Protocol）验证为 3 次握手验证，CHAP 是在链路建立的开始就完成的，并且在链路建立完成后的任何时间都可以重复发送进行再验证。CHAP 验证过程如图 13-15 所示。

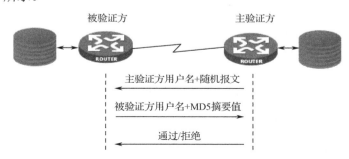

图 13-15   CHAP 验证过程

（1）主验证方主动发起验证请求，主验证方向被验证方发送一个随机产生的数值，并同时将本端的用户名一起发送给被验证方。

（2）当被验证方收到主验证方的验证请求后，检查本地密码。如果本端接口上配置了默认的 CHAP 密码，则被验证方选用此密码；如果没有配置默认的 CHAP 密码，则被验证方根据请求报文中主验证方的用户名在本端的用户列表中查找该用户对应的密码。随后，被验证方根据随机报文 ID、随机报文中的随机数和查找到的主验证方用户密码，利用 MD5 算法生成一个摘要值，即加密信息，并将此摘要值和自己的用户名发回主验证方。

（3）主验证方收到被验证方发来的响应报文之后，同样根据原验证请求随机报文 ID、原验证请求随机报文中的随机数和本地保存的被验证方密码，并利用 MD5 算法生成一个摘要值，将此摘要值与收到的摘要值进行比较。如果相同，则向被验证方发送确认消息通告验证通过；否则，向被验证方发送确认消息通告验证失败。

以上过程被称为 CHAP 验证的 3 次握手。CHAP 也进行单向验证或双向验证。单向验证是指一方作为主验证方，另一方作为被验证方；双向验证是单向验证的简单叠加，即两方都是既作为主验证方又作为被验证方。

CHAP 验证在网络上只传送用户名，不直接发送密码。由于 MD5 算法不可逆，即使加密后的报文被非法获取也无法破解，而且在链接过程中也会进行验证，验证发送的随机数不同导致生成的 MD5 摘要也不同。因此，CHAP 验证方式的安全性高于 PAP。

（二）配置 CHAP

➢ 配置主验证方：

● 设置验证类型

[H3C-Serial1/0]ppp authentication-mode chap

● 配置本地用户名

此用户名要与被验证方添加到其用户列表中的本端用户名一致。

[H3C-Serial1/0]ppp chap user *user-name*

- 将对端用户名加入本地用户列表

[H3C]local-user *user-name* **class network**

- 设置对端用户密码

[H3C-luser-network-xxx]password {simple|cipher} *password*

- 设置对端用户服务类型

[H3C-luser-network-xxx]service-type ppp

➢ 配置被验证方：
- 配置本地用户名

此用户名要与主验证方添加到其用户列表中的本端用户名一致。

[H3C-Serial1/0]ppp chap user *user-name*

接下来配置密码信息，有两种方式：

第一种是在系统视图下将对端用户信息加入本地用户列表，同主验证方的配置。具体如下：
- 将对端用户名加入本地用户列表

[H3C]local-user *user-name* **class network**

- 设置对端用户密码，此密码要与主验证方为本端用户添加的密码一致。

[H3C-luser-network-xxx]password {simple|cipher} *password*

- 设置对端用户服务类型

[H3C-luser-network-xxx]service-type ppp

第二种是在接口视图下配置默认的 CHAP 密码，接口在进行验证时使用此密码。采用此种方式时，主验证方的本地用户名可以不配置。
- 配置默认的 CHAP 密码

[H3C-Serial1/0]ppp chap password {simple|cipher} *password*

此密码要与主验证方为本端用户添加的密码一致。

小　结

- PPP 是适用于同步/异步链路的点对点链路层协议；
- PPP 由 LCP、NCP、PAP 和 CHAP 等协议组成；
- PPP 的链路建立由 3 个部分组成，即链路建立阶段、网络验证阶段（可选），以及网络层协商阶段；
- PPP 有 PAP 和 CHAP 两种验证方式，CHAP 是以密文的方式发送的，安全性更高。

巩固与提高

某公司的网络拓扑图如图 13-16 所示。要求数据链路层封装 PPP，为了安全考虑，采用 CHAP 验证方式（此处被验证方配置请按照第二种方式），使得 PCA 和 PCB 能够互通。

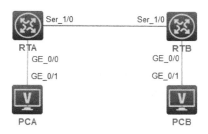

图 13-16　网络拓扑图

项目 14

网络工程综合案例

知识目标

- 熟练掌握交换机和路由器的综合配置方法；
- 熟练掌握中大型网络的综合配置方法；
- 掌握项目综合调试方法及步骤，理解工程项目调试精髓。

能力目标

- 会进行中大型网络工程项目的规划；
- 能正确地进行中大型网络的综合性配置及故障排除。

项目描述

A 公司是股份制公司，总公司设在北京，在天津新收购了一家公司设为分公司。总公司使用专用链路与分公司相连组成城域网，用来传输公司业务数据。你是这个项目的网络工程师，请根据下面的需求构建一个安全、稳定的网络。

A 公司的网络拓扑图如图 14-1 所示，网络环境描述如下：

- RTA 为出口路由器，公司总部用户通过 NAT 转换访问公司分部路由器 RTB；
- RTA 和 RTB 之间通过 PPP 互联；
- SWB 为三层交换机，与 RT1 之间运行静态路由；
- SWA 和 SWB 之间互联采用链路聚合；
- RTA、RTB、RTC 之间运行 RIPv2；
- SWA 作为二层交换机，其上划分了多个 VLAN。

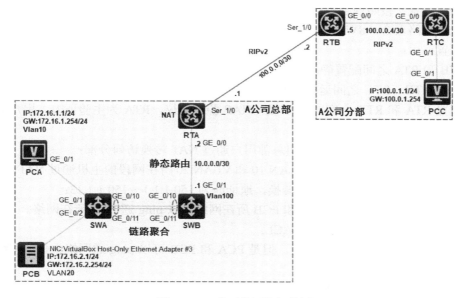

图 14-1　A 公司的网络拓扑图

IP 地址规划如表 14-1 所示，VLAN 规划如表 14-2 所示。

表 14-1　IP 地址规划列表

设 备 名 称	接　　　口	IP 地 址	网　　关
SWB	SVI 100	10.0.0.1/30	—
	SVI 10	172.16.1.254/24	—
	SVI 20	172.16.2.254/24	—
RTA	S1/0	100.0.0.1/30	—
	GE0/0	10.0.0.2/30	—
RTB	S1/0	100.0.0.2/30	—
	GE0/0	100.0.0.5/30	—
RTC	GE0/0	100.0.0.6/30	—
	GE0/1	100.0.1.254/24	—
PCA	—	172.16.1.1/24	172.16.1.254/24
PCB	—	172.16.2.1/24	172.16.2.254/24
PCC	—	100.0.1.1/24	100.0.1.254/24

表 14-2　VLAN 规划表

设 备 名 称	VLAN 编号	接　　口
SWA	VLAN 10	GE1/0/1
	VLAN 20	GE1/0/2

项目需求

（1）基本配置：按照规划进行网络设备改名及 IP 地址配置。

（2）配置链路聚合：SWA 与 SWB 之间互联链路配置链路聚合。

（3）配置路由：

① SWB 和 RTA 之间配置静态路由；

② RTA、RTB、RTC 之间运行 RIPv2。

（4）配置 RTA 和 RTB 之间的 PPP 及 CHAP 验证协议，RTA 为主验证方，用户名按照设备名配置，密码为 111。

（5）RTA 上配置 NAT 实现 A 公司总部用户通过 NAT 转换访问分部：

① 配置访问控制列表，只允许 VLAN 10 和 VLAN 20 所在网段的主机通过 NAT 访问外网；

② 使用 NAPT 的方式实现 NAT 转换，地址池为 150.1.1.1～150.1.1.13；

③ 配置合理的路由，使得 PCA 和 PCB 所在网络可以 ping 通 PCC 所在网络。

（6）在网络中合理的设备上配置 ACL：

① PCA 和 PCB 无法互相 ping 通，但是 PCA 和 PCB 可以 ping 通网络中任一网络设备的任一正常工作的接口地址；

② PCA 无法 Telnet 到 RTB 上，但 PCB 可以 Telnet 到 RTB，且仅以密码方式登录，登录密码为 111111。

项目实施

1. 配置总部私网

1）配置 SWA

修改名称：

```
<H3C>system-view
[H3C]system SWA
```

创建 VLAN，并加入端口：

```
[SWA]vlan 10
[SWA-vlan10]port GigabitEthernet 1/0/1
[SWA-vlan10]quit
[SWA]vlan 20
[SWA-vlan20]port GigabitEthernet 1/0/2
[SWA-vlan20]quit
```

创建聚合端口并加入物理端口：

```
[SWA]interface Bridge-Aggregation 1
```

```
[SWA]interface GigabitEthernet 1/0/11
[SWA-GigabitEthernet1/0/11]port link-aggregation group 1
[SWA-GigabitEthernet1/0/11]quit
[SWA]interface GigabitEthernet 1/0/10
[SWA-GigabitEthernet1/0/10]port link-aggregation group 1
[SWA-GigabitEthernet1/0/10]quit
```

修改聚合端口链路类型并允许相应的 VLAN 通过：

```
[SWA]interface Bridge-Aggregation 1
[SWA-Bridge-Aggregation1]port link-type trunk
[SWA-Bridge-Aggregation1]port trunk permit vlan 10 20
[SWA-Bridge-Aggregation1]quit
```

2）配置 SWB

修改名称：

```
<H3C>system-view
[H3C]system SWB
```

创建 VLAN 并配置 VLAN 虚接口 IP 地址：

```
[SWB]vlan 10
[SWB-vlan10]vlan 20
[SWB-vlan20]quit
[SWB]interface Vlan-interface 10
[SWB-Vlan-interface10]ip address 172.16.1.254 24
[SWB-Vlan-interface10]quit
[SWB]interface Vlan-interface 20
[SWB-Vlan-interface20]ip address 172.16.2.254 24
[SWB-Vlan-interface20]quit
```

创建聚合端口并加入物理端口：

```
[SWB]interface Bridge-Aggregation 1
[SWB]interface GigabitEthernet 1/0/11
[SWB-GigabitEthernet1/0/11]port link-aggregation group 1
[SWB-GigabitEthernet1/0/11]quit
[SWB]interface GigabitEthernet 1/0/10
[SWB-GigabitEthernet1/0/10]port link-aggregation group 1
[SWB-GigabitEthernet1/0/10]quit
```

修改聚合端口链路类型并允许相应的 VLAN 通过：

```
[SWB]interface Bridge-Aggregation 1
[SWB-Bridge-Aggregation1]port link-type trunk
[SWB-Bridge-Aggregation1]port trunk permit vlan 10 20
[SWB-Bridge-Aggregation1]quit
```

创建 VLAN100 并加入端口、配置虚接口 IP 地址：

```
[SWB]vlan 100
[SWB-vlan100]port GigabitEthernet 1/0/1
```

```
[SWB-vlan100]quit
[SWB]interface Vlan-interface 100
[SWB-Vlan-interface100]ip address 10.0.0.1 30
[SWB-Vlan-interface100]quit
```

配置静态路由：

```
[SWB]ip route-static 0.0.0.0 0 10.0.0.2
```

3）配置 RTA

修改名称及配置端口地址：

```
<H3C>system-view
[H3C]system RTA
[RTA]interface GigabitEthernet 0/0
[RTA-GigabitEthernet0/0]ip address 10.0.0.2 30
[RTA-GigabitEthernet0/0]quit
```

配置静态路由：

```
[RTA]ip route-static 172.16.1.0 24 10.0.0.1
[RTA]ip route-static 172.16.2.0 24 10.0.0.1
```

2. 配置公网
1）配置 RTA
配置 RIPv2：

```
[RTA]rip
[RTA-rip-1]version 2
[RTA-rip-1]undo summary
[RTA-rip-1]network 100.0.0.0
```

配置串口 IP 地址并封装 PPP：

```
[RTA]interface Serial1/0
[RTA-Serial1/0]ip address 100.0.0.1 30
[RTA-Serial1/0]link-protocol ppp
[RTA-Serial1/0]quit
```

配置 CHAP 验证，RTA 作为主验证方：

```
[RTA]local-user RTA class network
[RTA-luser-network-RTB]password simple 111
[RTA-luser-network-RTB]service-type ppp
[RTA]interface Serial1/0
[RTA-Serial1/0]ppp authentication-mode chap
[RTA-Serial1/0]quit
```

2）配置 RTB
修改名称并配置端口地址：

```
<H3C>system-view
[H3C]system RTB
```

```
[RTB]interface GigabitEthernet 0/0
[RTB-GigabitEthernet0/0]ip address 100.0.0.5 30
[RTB-GigabitEthernet0/0]quit
```

配置 RIPv2：

```
[RTB]rip
[RTB-rip-1]version 2
[RTB-rip-1]undo summary
[RTB-rip-1]network 100.0.0.0
[RTB-rip-1]network 100.0.0.4
[RTB-rip-1]quit
```

配置串口 IP 地址并封装 PPP：

```
[RTB]interface Serial1/0
[RTB-Serial1/0]ip address 100.0.0.2 30
[RTB-Serial1/0]link-protocol ppp
```

配置 CHAP 验证，RTB 作为被验证方：

```
[RTB-Serial1/0]ppp chap user RTB
[RTB-Serial1/0]ppp chap password simple 111
[RTB-Serial1/0]quit
```

3）配置 RTC

修改名称：

```
<H3C>system-view
[H3C]system RTC
```

配置接口 IP 地址：

```
[RTC]interface GigabitEthernet 0/0
[RTC-GigabitEthernet0/0]ip address 100.0.0.6 30
[RTC-GigabitEthernet0/0]quit
[RTC]interface GigabitEthernet 0/1
[RTC-GigabitEthernet0/1]ip address 100.0.1.254 24
[RTC-GigabitEthernet0/1]quit
```

配置 RIPv2：

```
[RTC]rip
[RTC-rip-1]version 2
[RTC-rip-1]undo summary
[RTC-rip-1]network 100.0.0.4
[RTC-rip-1]network 100.0.1.0
[RTC-rip-1]quit
```

3. 配置 NAT

1）配置 RTA

配置基本 ACL：

```
[RTA]access-list basic 2000
[RTA-acl-ipv4-basic-2000]rule 0 permit source 172.16.1.0 0.0.0.255
[RTA-acl-ipv4-basic-2000]rule 1 permit source 172.16.2.0 0.0.0.255
[RTA-acl-ipv4-basic-2000]quit
```

配置动态地址池：

```
[RTA]nat address-group 1
[RTA-address-group-1]address 150.1.1.1 150.1.1.13
[RTA-address-group-1]quit
```

将 ACL2000 应用到 Serial1/0 接口处方向上：

```
[RTA]interface Serial1/0
[RTA-Serial1/0]nat outbound 2000 address-group 1
[RTA-Serial1/0]quit
```

2）配置 RTB

配置静态路由，使得 RTB 上有到达动态地址池所在网段的路由：

```
[RTB]ip route-static 150.1.1.0 28 100.0.0.1
```

3）配置 RTC

配置静态路由，使得 RTC 上有到达动态地址池所在网段的路由：

```
[RTC]ip route-static 150.1.1.0 28 100.0.0.5
```

4. PCA 和 PCB 不能通信

配置 SWB：

配置高级 ACL：

```
[SWB]access-list advanced 3000
[SWB-acl-ipv4-adv-3000]rule deny icmp source 172.16.1.1 0 destination 172.16.2.1 0
[SWB-acl-ipv4-adv-3000]quit
```

将 ACL3000 应用于 Vlan-interface 10 接口的入方向上：

```
[SWB]interface Vlan-interface 10
[SWB-Vlan-interface10]packet-filter 3000 inbound
```

5. 远程登录

1）配置 RTB

启用 telnet 服务并配置用户认证模式及密码：

```
[RTB]telnet server enable
[RTB]line vty 0 4
[RTB-line-vty0-4]authentication-mode password
[RTB-line-vty0-4]set authentication password simple 111111
[RT-line-vty0-4]quit
```

2）配置 RTA

配置 ACL：

[RTA]access-list advanced 3001
[RTA-acl-ipv4-adv-3001]rule permit tcp source 172.16.2.1 0 destination 100.0.0.2 0 destination-port eq telnet
[RTA-acl-ipv4-adv-3001]rule permit tcp source 172.16.2.1 0 destination 100.0.0.5 0 destination-port eq telnet
[RTA-acl-ipv4-adv-3001]rule deny tcp destination-port eq telnet
[RTA-acl-ipv4-adv-3001]quit

将 ACL3001 应用于 GE0/2 接口的入方向上：

[RTA]interface GigabitEthernet 0/2
[RTA-GigabitEthernet0/2]packet-filter 3001 inbound